【孝善篇】

中國家風

何绥田题

编著 张建云

微国学里的社会主义核心价值观

天津社会科学院出版社
TIANJIN ACADEMY OF SOCIAL SCIENCES PRESS

图书在版编目（CIP）数据

中国家风 ：孝善篇 / 张建云编著. -- 天津 ：天津社会科学院出版社，2018.4（2018.12重印）

ISBN 978-7-5563-0459-2

Ⅰ. ①中… Ⅱ. ①张… Ⅲ. ①家庭道德－中国－通俗读物 Ⅳ. ①B823.1-49

中国版本图书馆CIP数据核字(2018)第080612号

出版发行：天津社会科学院出版社
出 版 人：张博
地　　址：天津市南开区迎水道7号
邮　　编：300191
电话/传真：（022）23360165（总编室）
　　　　　（022）23075303（发行科）
网　　址：www.tass-tj.org.cn
印　　刷：天津市宏瑞印刷有限公司

开　　本：787×1092毫米　1/16
印　　张：23.75
字　　数：310千字
版　　次：2018年4月第1版　2018年11月第2次印刷
定　　价：69.00元

序

邀您同行

张建云

没有哪个时代比现在更需要家风，没有哪个时代比现在更重视家风。社会主义核心价值观是中国的家风。

一个国家最高领导人拉着母亲的手散步，为中国家风代言，在历史实属罕见。我们不难想象，社会主义核心价值观的 12 个关键词力行开来，走进生活，走进内心，中国人的文明程度、个人道德、家风素养、社会情怀、国家力量和民族精神，会在这 960 万平方公里土地、300 万平方公里的海洋面积上收获出何等幸福的硕果。

人类的文明需要传承，也需要创新。传承那些亘古不变的精神法则，这叫“不忘本来”。创新那些需要改变的落后和腐朽，这叫“吸收外来和面向未来”。我们要复兴，不要复古。

社会主义核心价值观是走向中华民族伟大复兴的一艘大船，我们在这条船上风雨同舟，患难与共，和而不同，自强不息。

家长好，孩子自然好；老师好，学生自然好；社会好，百姓自然好。而，这些都好起来，国家和民族自然好。

孟子曰：天下之本在家，家之本在国，国之本在身。

啥意思？

洁身自好，家庭幸福，就是爱国，就是关爱天下。

楚庄王问世外高人詹何：我怎么样治理国家呢？

詹何回答得很干脆，不知道！

楚庄王很失望，请来一个大师级人物，竟然如此不给面子。

詹何继续说，我只明白修养自身的道理，却不明白治理国家的道理。我从来没有听说过身心修养好了而国家反而混乱的事，又没有听说过身心烦乱而能把国家治理好的事。

同理。

廉洁修身自然会廉洁齐家，就会廉洁用权，就会廉洁从政。所以，家风的问题写进《中国共产党廉洁自律准则》。

从某种意义上来说，信仰，是一种如何生活的标准。中国的国家生活标准是富强、民主、文明、和谐。当然，也可以当作你家里的生活动力。中国的社会生活标准是自由、平等、公正、法治。当然，也可以当做一个家庭的生活向往。中国人的标准是爱国、敬业、诚信、友善。当然，也可以当做一个家庭的行为家规。

家国天下的意思是，有家才有国的天下。没有家，天下无国。

用传统文化解读社会主义核心价值观是多年的心愿，如今终于成行。对于文化自信，我在力行。对于中国家风，我在力行。对于民族伟大复兴，我在力行。

邀您同行。可好？

【目　录】

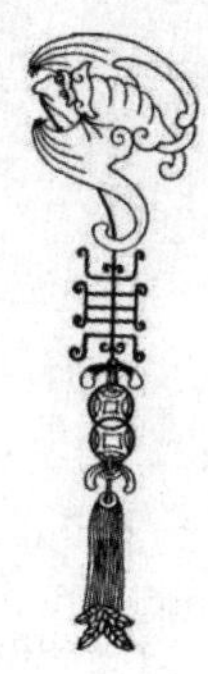

【富强篇】

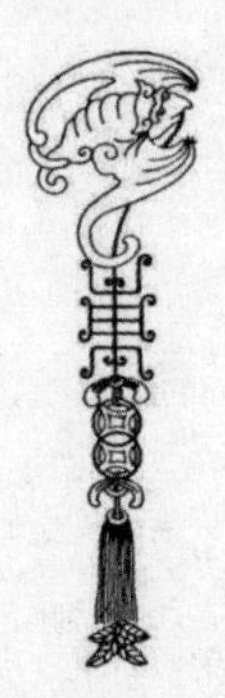

季康子患盗，问于孔子。孔子对曰：苟子之不欲，虽赏之不窃。

选自：《论语·颜渊》

【大意】

季康子担忧鲁国的盗窃问题，问孔子怎么办。孔子回答说：假如你自己不贪图财利，即使奖励偷窃，也没有人偷盗。

【评说】

齐桓公喜欢穿紫衣服，全国的人就都穿紫衣服。在那时，五匹素布还抵不上一匹紫布。桓公为此事担忧，对管仲说，我喜欢穿紫衣服，紫衣服特别贵，全国百姓喜欢穿紫衣服，日甚一日，不能停止，我对此怎么办？

管仲说，君王想要制止这种状况，为何不尝试着自己不去穿紫衣服呢？您就对近侍说：我特别厌恶紫衣服的气味。如果在这个时候近侍中恰巧有穿紫衣服进见的人，您一定要说：稍微退后一点，我厌恶紫衣服的气味。

桓公说好吧。

在这一天，君主的侍从官没有一个人穿紫衣服；第二天，国都中没有一个人穿紫衣服；第三天，齐国境内没有一个人穿紫衣服。

后来，齐桓公重新制作了纯白的衣服，大白的帽子，这样上朝一年，齐国整个风气都变得简朴了。

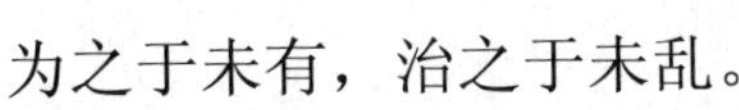

为之于未有，治之于未乱。

选自：《道德经》第六十四章

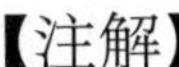

【注解】

为（wéi）：做，防止。
未有：没有发生之时。
未乱：尚未发生动乱。

【大意】

做事，要在尚未发生、不见迹象以前就着手；治理，要在错误没有形成、祸乱没有产生以前就做准备。

【评说】

春秋时期，鲁昭公因年轻幼稚，听信谗言，激怒了季孙氏、叔孙氏、孟孙氏三大家族，三大家族联合起来率兵攻打昭公，昭公因此而出逃到齐国。

齐景公热情地招待了昭公，并愿奉送很多财物给他，希望他长居下去。鲁昭公说，我怎能抛弃周公的王业，长期居住在这里呢？

齐景公又关切地问，可你这么年轻有为，为什么却要离开自己的国家呢？

鲁昭公觉得齐景公提出的问题难以回答，于是叹了一口气说，正因为我年轻，缺少治国经验，一时疏忽，不能正确识别真伪，而铸成大错，落得如此下场！

齐景公安慰他说，难道不可以重新再来，挽回错误吗？

鲁昭公失望地长叹道，晚了！

站在一旁的齐国正卿晏婴插话说，是啊，一个人，已经掉到井里，才后悔自己为什么走路不小心。正像有的人，眼看就要渴死才想挖井取水一样，已经来不及了！

欲影正者端其表，欲下廉者先之身。

选自：汉·桓宽《盐铁论》

【注解】

《盐铁论》：是汉昭帝时，权臣霍光组织召开的一次讨论国家现行政策的辩论大会，其本质是对汉武帝时期推行的各项政策进行总的评价和估计。汉宣帝时，桓宽根据当时会议的记录，整理为《盐铁论》。

【评说】

齐国大臣田无宇到晏子家里做客，看见有个妇人从内室走出来，头发花白，穿着黑布衣服。田无宇问晏子说，从内室出来的人是谁啊？

晏子说，是我妻子。

田无宇讥嘲说，您官至中卿，食邑田税收入七十万，为什么用个老太婆做妻子？

晏子回答说，休掉年老的妻子，叫作乱；纳娶年轻的人为妾，叫作淫荡。看见美色就忘掉大义，处于富贵就丢掉人伦，这就是背离道德。我晏婴怎么可以有淫乱的行为，不顾及人伦，背离自古以来的道德呢？

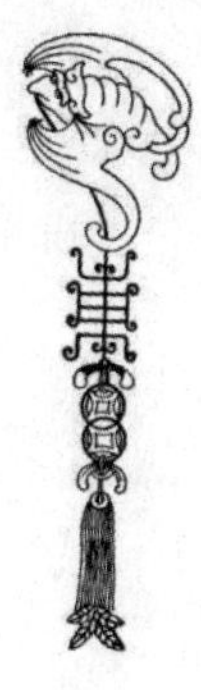

天下不患无臣，患无君以使之；天下不患无财，患无人以分之。

选自：《管子·牧民》

【大意】

天下不怕没有能臣，怕的是没有君主去使用他们；天下不怕没有财货，怕的是无人去管理它们。

【评说】

《战国策》记载了一个“千金买骨”的故事。

古代有个国君，特别喜欢千里马，想用千金购买，寻求很多年也没有得到。

一个国君身边的亲信说，请让我去寻求千里马吧。

国君派遣他去做这件事。过了多个月寻到了千里马，但是马已经死了，亲信用五百金买下了这匹千里马的骨头，返回向国君报告。

国君大怒，说我想寻求的是活着的千里马，怎么用五百金买了一匹死千里马？

亲信回答说，死的千里马尚且用五百金来买，何况活马呢？天下的人一定认为国王您有交易千里马的诚意，千里马很快就要到了。

果然，不出一年，千里马到了很多。

一个城市既然需要人才，就要拿出求贤若渴的诚意哟！

天下犹人之体，腹心充实，四支虽病，终无大患。

选自：《三国志·魏书·杜畿传》

【大意】

治国理政不能急功近利，一个国家如同一个人的身体，只要五脏六腑、道德良心没有疾患，四肢虽有小伤也不会危及国家安危，悉心、耐心和恒心治理就是了。

【评说】

讲大局、顾大局是任何一个政党和组织，在任何时候的优良传统与必备素养。想要成功，必须依靠大局意识这个战略支撑来凝聚思想、激发士气、统一行动。

善于高瞻远瞩、大局为重，才不会一叶障目、不见泰山，才不会夜郎自大、自以为是，才不会只见树木、不见森林，才能把握正确方向，在大是大非面前不犹豫、不动摇。

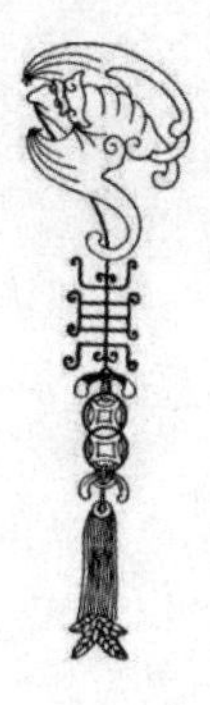

惟俭可以助廉，惟恕可以成德。

选自：《宋史·范纯仁列传》

【注解】

范纯仁：北宋大臣，人称“布衣宰相”。当时任参知政事，乃范仲淹次子。

【大意】

作为领导干部，唯独勤俭可以帮助廉洁，唯有宽恕才能养德。

【评说】

贞观二年，卿上奏唐太宗说，夏天暑气没有退却，秋天凉气刚刚开始，皇宫中非常潮湿，所以请求修建一座暖阁让您居住？

唐太宗说，朕有哮喘病，难道就不怕潮湿？但如果修建的话，会浪费许多人力、物力。以前汉文帝想修建露台，因为怜惜十户百姓家产而放弃这个想法。朕的功德不及汉文帝，而比他还要奢侈浪费，难道是为人父母和君王的道理吗？

所以，任公卿再三上书，太宗就是不允许。

为国者以富民为本，以正学为基。

选自：汉·王符《潜夫论·务本》

【大意】

治国理政的任务是以让人民过上美好生活为根本，以向善、向上、律己、修身、教化社会的知识为基础。

【评说】

孔子到河南濮阳巡游，学生冉有给他当司机。孔子不禁感叹：人口真多呀！

冉有问：人口已经够多了，下一步应该做什么呢？

孔子说：以经济建设为中心，使他们富起来。

冉有说：富了以后还要做些什么？

孔子说：对他们进行教化。让他们文明、和谐、诚信、友善、爱国、敬业。

这句话是还原孔子意思，经过演绎的《论语》，选自“子路篇”。原文：子适卫，冉有仆。子曰：庶矣哉！冉有曰：既庶矣，又何加焉？曰：富之。曰：既富矣，又何加焉？曰：教之。

有了钱，再有好的教育，让人类社会优秀道德品质得以良序传承，人们才能过上幸福的美好生活。

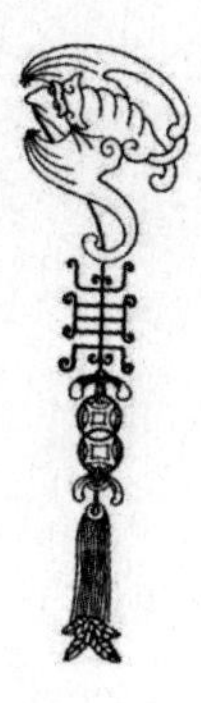

天下顺治在民富，天下和静在民乐，天下兴行在民趋于正。

选自：明·王廷相《慎言·御民篇》

【大意】

国家发达与否在于民众富不富裕，国家太平与否在于民众高不高兴，国家兴旺与否在于民风是否正派。

【评说】

鲁哀公向孔子请教：我听说向东扩展房屋是不吉祥的事情，有没有这回事？

孔子回答说：我听说天下有五种不祥的事，而向东扩展房屋并不包括在其中。损人以利己，是自身之不祥；遗弃老人而只顾孩子，是家庭之不祥；舍弃贤明之人却任用不肖之徒，是一国之不祥；年老智慧者不愿意教导，而年轻人又不好学，是世风之不祥；有才德的人隐退，愚昧的人却掌握大权，这是天下之不祥。

摒弃“五不详”，同心奔小康，人民生活日益美好！

子曰：富而可求也，虽执鞭之士，吾亦为之。如不可求，从吾所好。

选自：《论语·述而第七》

【大意】

孔子说：如果富贵合乎于正道就可以去追求，即便是给人执鞭的下等差事，我也愿意去做。如果不合乎正道就不必去追求，那就还是按我的爱好去干事，哪怕固守贫穷呀！

【评说】

公园里有个人气喘吁吁地遛狗，我说你就不能慢点走？他说不行呀，狗跑得太快！

生活里的富贵像极了这条狗，本来想悠闲地散步，却被权钱名利带动着停不下来。有人因此失去健康，失去家人，失去自由，甚至失去快乐和生命。

五官的刺激，不是真正的享受；内心的安详，才是富有的人生哟！

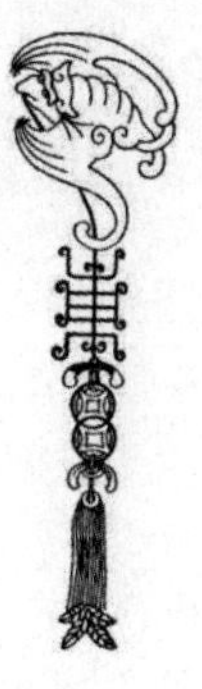

老子曰：我有三宝，持而保之。一曰慈，二曰俭，三曰不敢为天下先。

选自：《道德经·第六十七章》

【大意】

老子说：我有三件足以使我富强和伟大的法宝，我耐心且恭敬地执守而且保全它：第一件叫做慈爱；第二件叫做俭啬；第三件是不敢居于天下人的前面。

【评说】

一个人的强大不是靠争夺，而是靠给予和慈爱；一个家的富有不是靠奢华，而是靠勤俭与节约；一个国的伟大，不是靠统治，不是靠以强力为盔甲包装起来的霸权，而是用权位来影响世界，用文化来滋养世界，用经济来拯救世界！

奇怪的是，有些人抛弃慈爱去追求勇猛，丢弃勤俭去追求奢华，舍弃包容去追求霸权。结果，走向落寞，走向失败，走向灭亡！

子贡曰：贫而无谄，富而无骄，何如？子曰：可也。未若贫而乐，富而好礼者也。

选自：《论语·学而第一》

【大意】

孔子的学生子贡问老师：一个人，贫穷而不谄媚，富有也不骄傲自大，您看怎么样？孔子说：还算可以吧。但是，如果贫穷却不自卑，不抱怨，还积极进取、尊重财富，虽然富裕却宽仁博爱、彬彬有礼，还懂得回报社会，这样就更好了。

【评说】

贫穷是个悲哀的事，但有了钱却不能驾驭，就更悲哀。当一个人被金钱击败时，第一个想到的就是：还不如去过没钱的日子安稳。

再多的金钱都是为人服务的，是生活的工具而已。绝不是全部，绝不是目的，绝不是整个心灵。如若不然，看似风光，实则惨淡；看似高贵，实则低贱；看似优雅，实则庸俗！

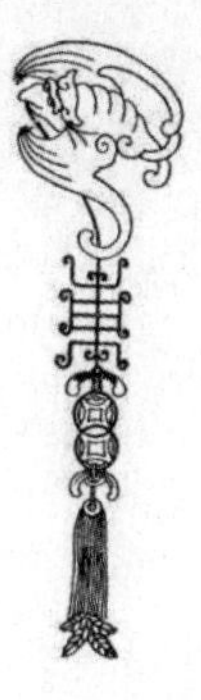

子曰：君子怀德，小人怀土；君子怀刑，小人怀惠。

选自：《论语·为政第二》

【大意】

孔子说：君子所牵挂的是修身养德，小人则不同，每天都在寻找有利可图之地，一心想着当官、发财和出名；君子做事讲求规矩，遵守道义；小人常以侥幸心理冒险投机，不思后果，只贪图眼前的小恩小惠。

【评说】

不守规矩比暴力更可怕。暴力只是破坏表面的东西，不守规矩却是破坏一种秩序，把根基都动摇了，把守规矩的心理瓦解了。占小便宜、钻小空子，有一次两次就有千次百次。所以，危机无处不在，要吃大亏喽！

有钱莫忘修德，有钱莫忘学习。不然，无知、无德和富有在一起，如同一辆豪车奔驰在高速路上，可惜，没装刹车！

无善无恶心之体，有善有恶意之动，知善知恶是良知，为善去恶是格物。

选自：王阳明·《传习录》

【大意】

心本来是没有善没有恶的，有善有恶是你的思想在活动了，知道善知道恶是良知的体现，有好的作为及去掉恶行才是探究事物的真理与本质。

【评说】

有人问“立志干大事与立志当大官”的区别是什么？

答：立志当大官是逐名，立志干大事是务实。务实之心多一分，逐名之心就少一分。若全是务实之心，就没有逐名之心了。

这就是曾国藩的境界：只问耕耘，不问收获。但，话说回来，只惦记着收获，是很少有人安心耕耘的。我们最担忧的是，有的人一心想当大官，却总说自己在干大事。更担忧的是，以秦桧的心想干岳飞的事。

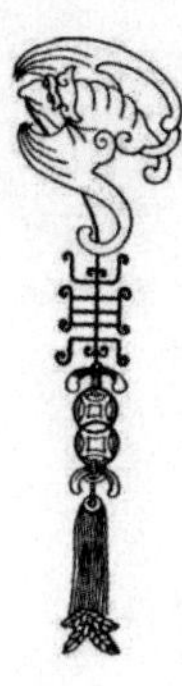

事之当革，若畏惧而不为，则失时为害。

选自：宋·《程颐文集》

【大意】

事到如今必须改革，如果畏惧不前，就会失去机会，成为千古罪人。

【评说】

有些人之所以不愿意改变，是因为不知道改变后到底是什么情形。

江西省九江市永修县有个镇子叫“艾”。艾地有个美丽的姑娘，是镇守＂艾＂那个边疆地方的人的女儿。

晋国的国君看到她美貌，就把她抢去当妃子。当晋国的国君刚迎娶她的时候，她哭得非常伤心，眼泪把衣服都湿透了。后来她到了晋国的皇宫，与国王同床共枕，吃的是甘美的鱼肉，过着幸福的生活，她反而后悔当初的哭泣了。后来，她很后悔，自己当初为什么拒绝改变呢？

一切美好的事物和幸福的生活，都是来自适时的改革。

仁者以财发身，不仁者以身发财。

选自：《大学》

【大意】

懂得仁道的人会运用财富充盈自身、回报社会，不懂仁道的人则是以自身的生命、人格、尊严为手段，以发财赚钱为目的，挥霍享受，小富即安。

【评说】

金钱，永远是个好仆人，但一定是个坏主人。一个贪婪的人，与其说拥有财富，不如说是被财富拥有。我们永远要清醒：不要因为蝇头小利而失尊严，也不要因为贪婪而迷失了自己的灵魂。保持一颗平常心，努力赚钱而不要被钱所赚，创造财富而不要被财富改造。

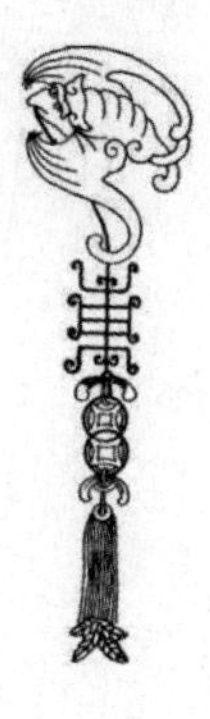

受不得穷，立不得品；受不得屈，做不得事。

选自： 清·申居郧《西岩赘语》

【大意】

受不住穷困的磨难，就树立不起高尚的品格；忍受不了屈辱的生活，就成就不了伟大的事业。

【评说】

孟子说，齐国旁边有一座很大的山叫牛山，因为在大国的旁边，城里要盖房子需要木材都去牛山砍伐，一直砍一直砍，砍到后来树都不见了，牛山就变成秃秃的。牛山以前郁郁葱葱、草木茂盛，为什么现在光秃秃的不美了？因为人们天天砍伐它。

如同人心。

人心最早很美，很善良。当金钱袭来时，动了一下；权力袭来时，动了一下；名声、美色、攀比、嫉妒、愤怒一波一波袭来，于是心在不停地动。

那些袭击心灵的欲望与不能自已的情绪如同砍伐牛山的斧头，我们的善良和美丽正在慢慢地荒芜。

子用私道者家必乱，臣用私义者国必危。

选自：《战国策》

【大意】

做儿女的使用不正当之道谋求私利，家庭必定混乱，做臣子的使用不正当之义扬个人私名，国家必定危险。

【评说】

《韩非子》中记录了一个“三虱食彘（zhì）”的故事。

三个虱子在猪身上吸血，却激烈地争吵起来。另一个虱子路过看到了，问道：“你们在争吵什么？”

三个打架的虱子争相陈述自己的理由，并指责对方。原来，它们为了争夺猪身上的肥裕之地，好吸吮比别的虱子更多的鲜血，为此争斗吵闹。

路过的虱子对它们说，你们光顾了争夺、吵闹，难道你们不记得腊月里祭祀的日子就要到了？到那时，人们就会把猪宰杀，架火、燎毛，把猪做成祭品或食品。到那时，哪里还有鲜血供养我们？

三个虱子听了它的话，停止了争斗，聚在一起，拼命地吸食起鲜血来。那猪被吸得越来越瘦，到了腊月祭祀的时候，人们就没有杀它。

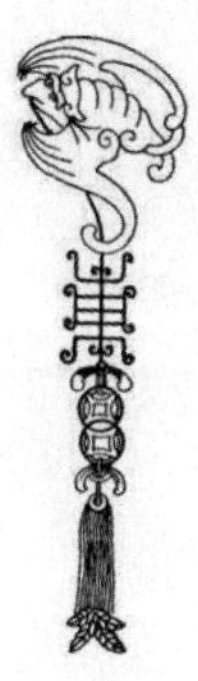

子曰：见利思义，见危授命，久要不忘平生之言，亦可以为成人矣。

选自：《论语·宪问》

【大意】

孔子说：见到利益要想到是否符合义的要求，在大义、危急的情形下可以献出生命，即便是旧交也不忘平日的诺言，这样也可以成为以为完美的人了。

【评说】

东晋文学家庾（yǔ）亮有一匹非常厉害的马叫“的卢”，骑马的人本事差一点儿，就被发起性子来拼命奔跑的“的卢”折腾得七荤八素，摔出好几丈远。识马的人说，这马虽是良马，但最不吉利。因为骑马的人大多性命不保。很多朋友都替庾亮担心，家里的人更是着急得不得了。大伙儿都劝他把马卖了。庾亮却说，我怕这匹马不吉利，把它卖给人家；人家骑了这马，要是丧了性命，岂不冤枉吗？我还是自己留了下来养吧。

正主之所以为功者，富强也。故国富兵强，则诸侯服其政，邻敌畏其威。

选自：《管子·形势解》

【大意】

君主的功绩，在于使国家走向富强。做到国富兵强，各方诸侯就会服从他的政令，邻邦也因敬畏其威力而不敢来侵犯。

【评说】

《孙子兵法》开篇便说：军队，是国家的大事，关系到国家的生死存亡，不能不认真地观察和对待。

我们的革命歌曲《人民是靠山》也充分证明了部队的发展离不开百姓的支持：战马离不开鞍呀 / 钢枪离不开栓呀 / 战士上前线 / 人民是靠山呀……同心又合力 / 流血又流汗 / 打胜仗，要靠人民来支援！

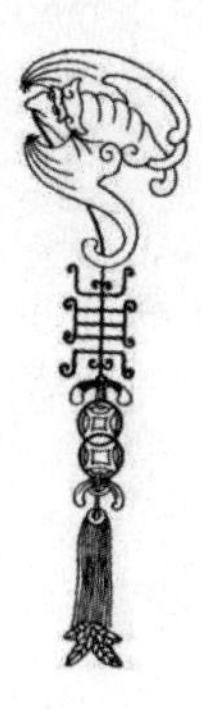

各安其居而乐其业，甘其食而美其服。

选自：《汉书·货殖列传》

【大意】

人们安定地生活，愉快地工作，吃得香甜，穿得漂亮，生活美满愉快，一片祥和幸福的景象。

成语“安居乐业”源出于此。

【评说】

党的十九大报告指出：“全党必须牢记，为什么人的问题，是检验一个政党、一个政权性质的试金石。带领人民创造美好生活，是我们党始终不渝的奋斗目标。”

如何去干呢？

党的十九大报告又说：“既尽力而为，又量力而行，一件事情接着一件事情办，一年接着一年干。坚持人人尽责、人人享有，坚守底线、突出重点、完善制度、引导预期，完善公共服务体系，保障群众基本生活，不断满足人民日益增长的美好生活需要，不断促进社会公平正义，形成有效的社会治理、良好的社会秩序，使人民获得感、幸福感、安全感更加充实、更有保障、更可持续。”

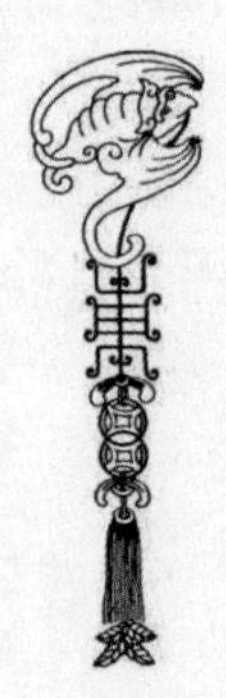

欲讲富强以刷国耻，则莫要于储才。

选自：谭嗣同 语

【大意】

中国人不应忘记被人欺凌的历史，落后就要挨打，只有富强起来才可以尊严地生活，但富强一定要抓教育，要储备优秀的人才。

【评说】

家庭是孩子的第一课堂，父母是孩子的第一任老师。影响孩子成绩的主要因素不是学校，而是家庭。有好家风，便有好孩子，有好孩子才会有好成绩。家庭教育是大树之根，是大厦之基。陶行知先生说，因为道德是做人的根本。根本一坏，纵然你有一些学问和本领，也无甚用处。也正如西方谚语：推动摇篮的手也是推动世界的手。

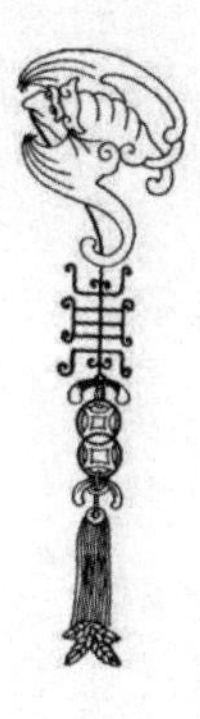

土广而任则国富，民众而治则国治。富治者，车不发轫，甲不出橐（tuó），而威制天下。

选自：《尉缭子》

【注释】

橐（tuó）：口袋的一种，两端不封口，可以根据要装物品的多少来决定，物品多了就可以作大的口袋，少了可以作小的口袋，装好物品后两端再行封口，当中留一空当，方便牲畜载驼，古时候在晋西一带广泛应用，方便骡马、骆驼载物。 这里指军队辎重。

【大意】

土地广大而又能充分利用，国家就会富足；百姓众多而又有良好的教育和管理，国家就会安定。富足而又安定的国家，不必出动兵车和军队，凭借声威就可以使天下敬服。

【评说】

国家的富强与否，是一个国家兴衰成败的标志。我们不能忘怀孱弱的晚清一个个不平等条约的签署，向列强赔偿白银、诸多百姓流离失所、大片国土拱手相让……

国弱民凄，落后挨打，忘记历史就等于背叛。请大声高唱：中华民族到了最危险的时候……

兵起，非可以忿也。见胜则兴，不见胜则止。患在百里之内，不起一日之师；患在千里之内，不起一月之师；患在四海之内，不起一岁之师。

选自：《尉缭子》

【大意】

进行战争，是不能意气用事的。预计有胜利的把握就采取行动，预计没有胜利的把握就坚决停止。祸乱发生在百里之内，不要只作一天的战斗准备；祸乱发生在千里之内，不要只作一月的战斗准备；祸乱发生在四海之内，不要只作一年的战斗准备。

【评说】

《孙子兵法·火攻篇》说：作为君主不可以因为一时的愤怒就轻易发动战争，为将军者也不可以因为一时的不快而出兵作战。对于国家有利益的时候才能参与战争。否则，（个人）一时的怒气过后可以转怒为喜，但国家一旦灭亡后就不复存在，那些在战争中逝去的人们也不能够重新活过来了。

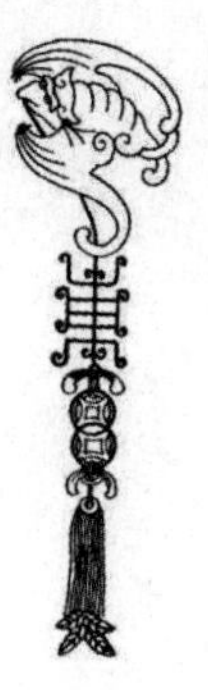

迨（dài）天之未阴雨，彻彼桑土，绸缪牖（yǒu）户。今女（rǔ）下民，或敢侮予（yú）？

选自：《诗经·豳（bīn）风·鸱（chī）鸮（xiāo）

【注解】

绸缪（chóu móu）：计划修缮、紧密缠缚、时间准备。
牖：窗子。

【大意】

趁着天还没下雨，桑树根上剥些皮，把门和窗户都修理。你们这些无礼的人啊，谁还敢来把我欺？

成语“未雨绸缪”源自于此。

【评说】

“孩子，绕过前面的石子。”这是母亲在我蹒跚学步时的指点。

“当心路上的汽车啊！”这是父亲在我飞车上学时身后的叮咛。

“饱带干粮热带衣，天晴别忘带草帽。”这是爷爷在我工作后的嘱托。

后来，我知道“机会是留给有准备的人的，危险是慌乱和侥幸的代名词”。不为明天做准备的人永远不会有明天，还可能将今天一并失去！

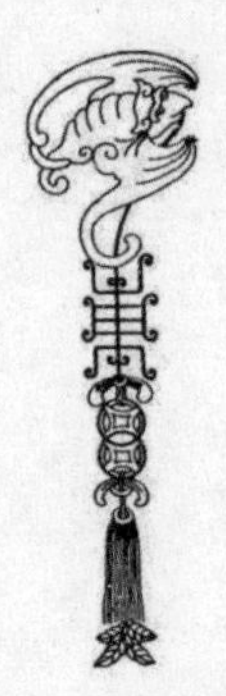

求木之长者，必固其根本；欲流之远者，必浚（jùn）其泉源；思国之安者，必积其德义。

选自：唐·魏徵《魏郑公文集·谏太宗十思疏》

【大意】

想要树木长得高大，一定要培育树根；想要河水流得远，一定要疏通源头；思虑国家如何能够安定，一定要积累道德和仁义。

【评说】

上梁不正下梁歪，身正不怕影子斜。这就是根本。领导是下属的根本，家长是孩子的根本，老师是学生的根本，农民是土地的根本，工人是制造的根本，军人是卫国安全的根本。

很多人嘴里喊着“以人为本”，却不修身律己，不克己复礼，更多是在“以神为本”“以物为本”。无度地追求权钱名利，以至于丧失了根本。正如同千里大堤，因为蝼蚁打洞而塌掉决堤；百尺高楼，因为烟囱的缝隙冒出火星引起火灾而焚毁。

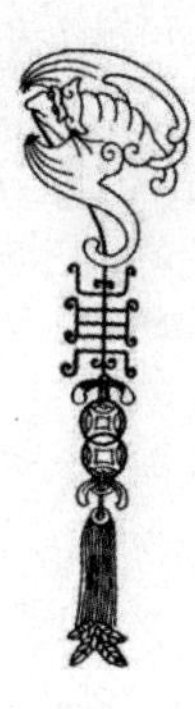

子曰：非其鬼而祭之，谄也。见义不为，无勇也。

选自：《论语·为政第二》

【大意】

孔子说：不是你应该祭的鬼神，你却去祭它，这就是谄媚。见到应该挺身而出的事情，却袖手旁观，就是怯懦。

成语："见义勇为"源出于此。

【评说】

做人当清醒，做不了中流砥柱，也不要随波逐流。

做人当清白，宁可贫穷一生，也不要用卑劣的手段致富。

倘若失去了正义的勇气，等于把自己的生命交给了软弱，交给了虚伪，交给了邪恶，交给了敌人。

国不以利为利，以义为利也。

选自：《大学》

【大意】

一个社会，不应无休止、毫无顾忌地把钱摆放在第一位，而应把道义和良心放在第一位。

【评说】

孟尝君请门客冯谖前往薛地（山东滕州）收债。冯谖说，收了债，买什么东西回来吗？孟尝君说，你看我家缺啥，就看着买吧。冯谖赶车到滕州，竟然假传孟尝君的命令说，将所有债款一笔勾销。百姓感动得泣不成声，高呼“万岁”。

冯谖回到齐国都城临淄，与孟尝君说，看您家里奇珍异宝、美女婢妾、骏马猎狗都不缺，就是缺一些义，便为您买了义。孟尝君道，怎么买义？冯谖说，现在您有小小的薛地，不去安抚百姓，我就私传您的命令，把债款赏赐给百姓，顺便烧掉了契据。孟尝君极为不高兴，但也悻悻地说，算了吧！

一年后，齐滑王驱逐孟尝君。孟尝君只好前往他的封地薛地。距离薛地还有百里之遥，薛地的人民就扶老携幼，在半路上迎接孟尝君。孟尝君回头感动地看着冯谖说，先生买的义我今天收到了！

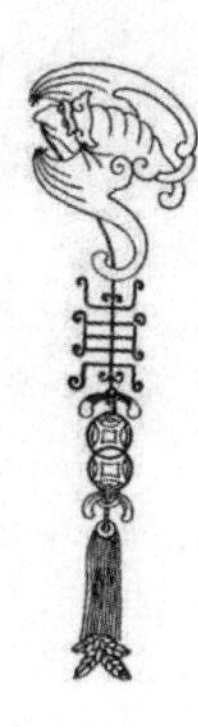

俭，德之共（hóng）也；侈，恶之大也。

选自：《左传·庄公二十四年》

【大意】

节俭，是最大的品德；奢侈，是最大的恶行。

【评说】

一块上等的巧克力要慢慢品味才好，若一口吞下，如猪八戒吃人参果一般，既显得滑稽又有失品味，关键是：吃完这块，没了。

一粒种子，要经过春种、夏长、秋收、冬藏才算收获。若您因着急而把种子吃了、卖了、挥霍了，无非是一时之乐换得一年挨饿罢了。

人的身体何尝不是一粒种子，人的心智何尝不是一粒种子。趁着年轻，让其生根、发芽、开花、结果，然后尽享春华秋实之美。多好？

那种急功近利、饮鸩止渴、气躁心浮还是戒掉吧，那种耽恋沉迷、铺张浪费、骄纵任性还是戒掉吧。

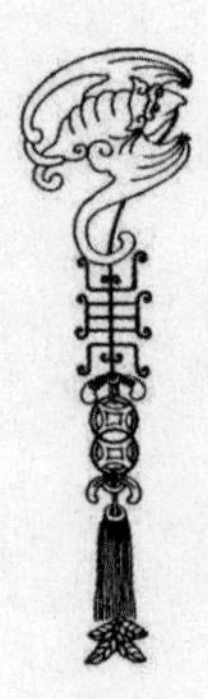

子曰：好学近乎知（zhì），力行近乎仁，知耻近乎勇。

选自：《中庸》

【大意】

孔子说：喜欢学习就接近了智慧了，努力实践就接近仁德了，知道羞耻就接近勇敢了！

【评说】

美丽繁华的南非首都开普敦市中心，却有座令人惊愕的断桥，支离破碎的样子，仿佛刚经历过地震。

这座失败的建筑，是该市历史上最大的丑闻。当年因计算失误、偷工减料，大桥在施工过程中轰然坍塌，多人遇难。

就在政府准备拆除废墟的前夜，遇难者家属吁请留下断桥，让它时刻警示我们吧，不承认有疤的成熟是虚弱的，我们需要的不仅是魅力，更需要的是耻辱的警醒！

据说，该市每任建筑局局长，都必须在断桥前宣誓就职。而开普敦也成为工程事故率最低的城市之一。

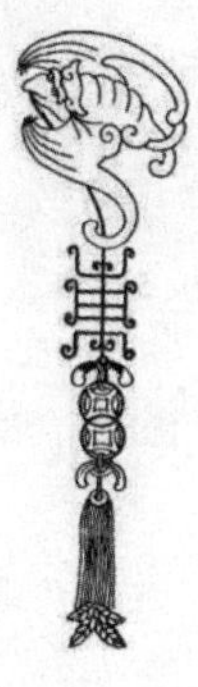

墨子曰：国有贤良之士众，则国家之治厚；贤良之士寡，则国家之治薄。故大人之务，将在于众贤而已。

选自：《墨子·尚贤》

【大意】

墨子说：一个国家或组织，如果贤良之士多，国家治理得就好；如果贤良之士少，国家治理的成绩就小。所以，一个领导人的紧急之务，将是如何使贤良的人增多。

【评说】

心胸狭窄、道德低下的人，常常嫉贤妒能，结党营私。自己不能忠心耿耿，反而诋毁别人尽心竭力；不但自己做坏事，还阻止别人做好事。要知道，一个德才不够的人占据要职，同样是更多的贪腐！

所以，作为英明的领导，发现贤良，提拔贤良，任用贤良，尊敬贤良，赞誉贤良，使贤良富裕，使贤良显贵，是重中之重呀！

【民主篇】

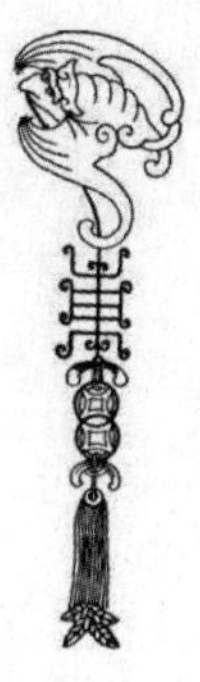

春秋战国时期。有个大师具备长生不死之术，燕王便派人去向他学习。派去学习的人还没来得及学到手，那个大师先死了。燕王非常恼怒，杀了去学的人。燕王不明白那位大师是在欺骗自己，却怪罪去学的人太迟笨。相信没有根据的东西，而杀掉没有罪过的臣子，这就是不能明察的危害。况且人们最看重的无过于自己的生命，那个大师不能使自己不死，又怎能使燕王长生呢？

选自：《韩非子·外储说左上》

【评说】

有人极力渲染西方民主，认为那是长生不死之药。假若满怀虔诚、义无反顾地去海外学习，我也担心如那位大师见不到学生就自己灭亡了。

民主，是一颗种子。是事物孕育、发展、成熟、衰退直至消亡的原动力，这叫法于阴阳。然后，让那些意见不统一的、步伐不一致的回到正道上来。用一种正知正见来发挥正能量。这叫合于术数。再然后嘛，坚持食饮有节，起居有常，不要贪欲，不要妄想，把自己的身体、自己的家庭、自己的社会和祖国打扮得形神兼备，精气十足！

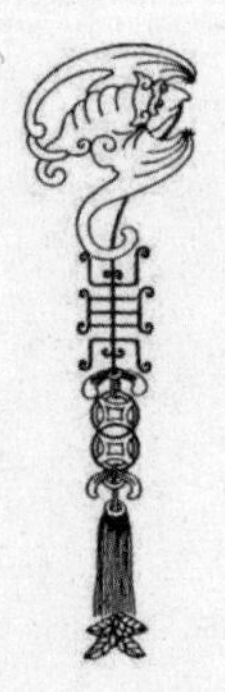

夫与民共其乐者，人必忧其忧；与民共有其忧者，人必拯其危。

选自：西晋·陈寿《三国志》

【大意】

作为领导，能够为民众和下属带来幸福，那民众和下属必定为他的身体和事业而操心；如果这个领导以民众的利益为上，关注民计民生，并力行实践，一旦这个组织或国家遇到困难和危险，那么百姓就会勇于奉献，不计得失。

【评说】

有人请教毛泽东为什么能够打败蒋介石。毛泽东的回答是：共产党赢得了民心。

人民为国家之基，人心乃国家之根。为人民服务的根基就是为国家兴利除害。什么是利，什么又是害呢？

如果我们被敌国侵略，自己的利益相互掠夺，人与人之间相互残害、彼此欺骗，领导不负责、下属不尽职，父母不慈爱、儿女不孝敬，兄弟之间不友爱，夫妻之间不忠诚，朋友之间没诚信，这就是国家之害！

兴利除害，人心向背。国之大是！

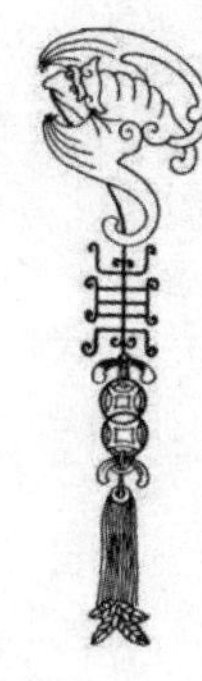

后非民罔使，民非后罔事。无自广以狭人，匹夫匹妇，不获自尽，民主罔与（yù）成厥功。

选自：《尚书·咸有一德》

【注释】

这里的后：是君王之意。
罔：是网罗。
使：役使。
事：尽力。
厥：其他的，那个的。
匹夫匹妇：指普通的民众。

【大意】

君主没有人民就无人任用，人民没有君主就无处尽力。不要自高自大小视百姓，也不要对自己阔绰，对百姓吝啬。平民百姓如果不各尽其力，就没有人帮助做君主的建功立业。

【评说】

中国商朝著名丞相伊尹早在3600多年前就向商朝第四位君主太甲忠告“民主”事宜了。

这里的“民主”为人民之主、为民做主的意思。中国古代的“民主”意识简单深刻：既不为人民做主，人民就不把他当做人民之主。

百姓的民主，如同一条河里流淌的水，从上游到下游，循环往复、生生不息。但它决不应泛滥，不能流出堤岸。就像水再大也不能漫过桥一样。

孟子谓齐宣王曰：王之臣有托其妻子于其友，而之楚游者。比其反也，则冻馁其妻子，则如之何？

王曰：弃之。

曰：士师不能治士，则如之何？

王曰：已之。

曰：四境之内不治，则如之何？

王顾左右而言他。

选自：《孟子·梁惠王章句下》

【大意】

孟子想启发齐宣王反省自我，施行仁政，爱护百姓。便对齐宣王说，大王，如果您有一个臣子要到国外公务，便把妻子儿女托付给他的朋友照顾。等他回来的时候，他的妻子儿女却在挨饿受冻。对待这样的朋友，应该怎么办呢？

齐宣王很气愤，说与他绝交！

孟子又说，如果您的纪委干部不能严格约束他的下属，那应该怎么办呢？

齐宣王说，撤他的职！

孟子继续说，如果一个国家治理得很糟糕、百姓怨声四起，那又该怎么办呢？

齐宣王左右张望，说，啊，那个什么，今天儿不错呀！把话题扯到一边去了。

【评说】

一个领导干部，只会对别人严格要求，不会自责自省，而且讳言其疾，左顾右盼而言其它，估计是该下课了。与民同乐，与民同忧，永远在路上！

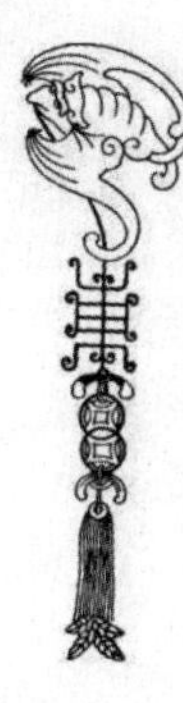

七尺之桡（ráo），而制船之左右者，以水为资；天子发号，令行禁止，以众为势也。

选自：《淮南子·主术篇》

【大意】

七尺长的船桨，操纵着船只向左向右，是以水为凭借的；天子发布号令，有令则行，有禁则止，是以民众为势力的。意谓政令的推行必须依靠民众。

【评说】

梁惠王对孟子说，我的国家曾一度在天下称强。可如今，东边被齐国打败，连我的大儿子都死掉了；西边丧失了七百里土地给秦国；南边又受楚国的侮辱。我非常羞耻，想报仇雪恨。老先生，请您告诉我怎样做才行呢？

孟子回答说，只要有方圆一百里的土地就可以使天下归服。大王如果对老百姓施行仁政，减免刑罚，少收赋税，深耕细作，及时除草；让身强力壮的人抽出时间修养孝顺、尊敬、忠诚、守信的品德，在家侍奉父母兄长，出门尊敬长辈上级。这样就等同于打击那些拥有坚实盔甲锐利刀枪的秦楚军队了。

梁惠王问，此话怎讲？

孟子说，因为秦国、楚国的执政者剥夺了老百姓的生产时间，使他们不能够深耕细作来赡养父母。父母受冻挨饿，兄弟妻子东离西散。他们使老百姓陷入深渊之中，大王去征伐他们，有谁来和您抵抗呢？所以说，施行仁政的人是无敌于天下的。大王请不要疑虑了！

钦哉！慎乃有位，敬修其可愿。四海困穷，天禄永终。

选自：《尚书·大禹谟》

【大意】

（作为领导干部）要恭敬啊！慎重对待自己的位置。因为，自己的工作就是以一片诚意来实现人民的愿望。如果民不聊生，怨声载道，那么上天带来的福气和官爵、俸禄也将永远终止了。

【评说】

河南南阳内乡县衙有一副对联：吃百姓之饭，穿百姓之衣，莫道百姓可欺，自己也是百姓；得一官不荣，失一官不辱，勿说一官无用，地方全靠一官。

什么是领导干部？就是用人民给予的权力为人民服务。心里没有人民，要权力何用？

权力为人民，是光明坦途，一片艳阳；权力谋私事，是通向地狱的大门，终将迷失。

用好手中的权力吧，再送一副对联：欺人如欺天，毋自欺也；负民即负国，何忍负之！

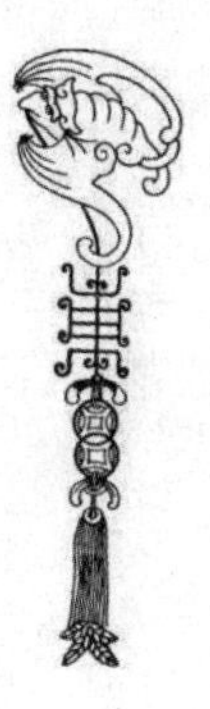

虽有周亲，不如仁人。百姓有过，在予一人！

选自：《论语·尧曰第二十》

【大意】

（周武王）说：我虽然有至亲，不如有仁德之士。百姓有过错，都在我一人身上！

【评说】

尧帝将天下禅让给舜的时候，也有过顾虑。他在想，将权力传给舜，天下人会受益，却不利于自己的儿子丹朱；如果将权力传给丹朱，就会使儿子丹朱得益，而不利于天下人。经过抉择，他说，我总不能让天下人受害而只对一个人有好处！

这是一种“非血统继承制”产生领导人的制度。尧、舜“禅让”的历史，是上古中国最早的民主制度。

那么，数千年后的今天，我们应该怎样看待民主呢？

答：无条件地服从，有责任地批判。

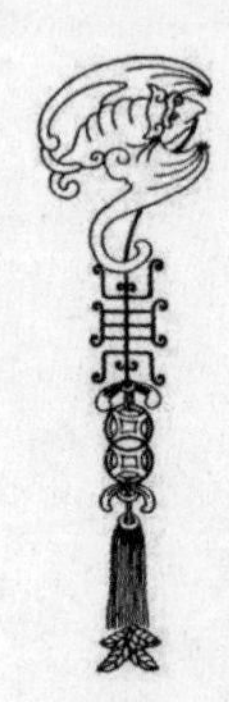

天下何以治？得民心而已！天下何以乱？失民心而已！

选自：清·王韬《弢园文录外编》

【大意】

治理国家的根本是什么？无非是得民心罢了！那么，国家又为什么纷乱和颓败？不过是失去民心呀！民心，是决定国家治乱安危的关键。

【评说】

齐宣王问孟子，周文王的园林有七十里见方，有这事吗？

孟子答道，在历史书上有这样的记载。

宣王问，真的竟有这么大吗？

孟子说，这百姓还觉得小了呢。

宣王说，我的园林四十里见方，百姓有怨言，竟然还觉得大，这是为什么呢？

孟子说，文王的园林七十里见方，割草砍柴的可以去，捕鸟猎兽的可以去，是与百姓共同享用的，百姓认为太小，不也是很自然的吗？我听说您的园林四十里见方，杀了其中的麋鹿，就如同犯了杀人罪；这就像是在国内设下了一个四十里见方的陷阱，百姓认为太大了，不也是应该的吗？

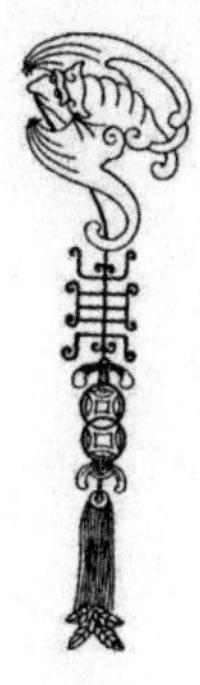

春秋战国时期，郑国人喜欢到乡校休闲聚会，议论执政者施政措施的好坏。

郑国大夫然明对子产说，把乡校毁了，怎么样？

子产说，为什么要毁掉？人们早晚干完活儿回来到这里聚一下，议论一下施政措施的好坏。他们喜欢的，我们就推行；他们讨厌的，我们就改正。这是我们的老师呀，为什么要毁掉它呢？

没等然明回答，子产继续说，我只听领导干部为人民服务，尽力把事做好以减少怨恨，解决矛盾，没听说过作威作福地堵塞怨恨，不让人开口。谁都知道堵塞河流的道理：河水泛滥而决口伤害的人必然很多，我们是不好挽救的；不如开个小口导流，听取这些议论后把它当作治病的良药。

然明感触地说，从现在起才知道您确实可以成大事。小人确实没有才能。如果真的这样做， 郑国就要依靠百姓，岂能只靠我们几个做官的？！

这个故事叫“子产不毁乡校”。

选自：《左传·襄公三十一年》

【评说】

2000多年前的子产可谓是民主政治的先驱者了，他明白：百姓的言论，是领导干部的镜子。贪腐还是清廉，有为还是无为，尽在映照之中。所以，百姓的沉默并非都是认同，很有可能在沉默中蕴含着可怕的力量。

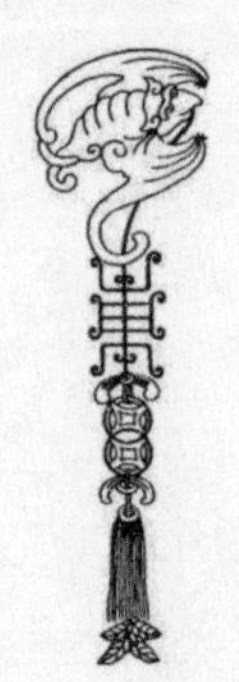

邹与鲁哄。穆公问曰：吾有司死者三十三人，而民莫之死也。诛之，则不可胜诛；不诛，则疾视其长上之死而不救，如之何则可也？

孟子对曰：凶年饥岁，君之民老弱转乎沟壑，壮者散而之四方者，几千人矣；而君之仓廪实，府库充，有司莫以告，是上慢而残下也。曾子曰：'戒之戒之！出乎尔者，反乎尔者也。'夫民今而后得反之也。君无尤焉。君行仁政，斯民亲其上、死其长矣。"

选自：《孟子·梁惠王章句下》

【大意】

邹国与鲁国交战。邹穆公对孟子说，我的干部死了三十三个，百姓却袖手旁观，没有一个为他们而牺牲的。气死我了！杀他们吧，杀不了那么多；不杀他们吧，又难解我心头之恨。到底怎么办才好呢？

孟子回答说，活该！灾荒年岁，您的百姓，年老体弱的弃尸于山沟，年轻力壮的四处逃荒。而您的粮仓里堆满粮食，国库里装满财宝，您的干部们却从来不向您报告老百姓的灾情。这就是残害百姓的表现呀，百姓是在报复您的干部呀！曾子说，你怎样对待别人，别人也会反过来怎样对待你。所以，您还是不要归罪于百姓了。只要您施行仁政，严格要求领导干部修身、律己和手中的权力，百姓自然就会亲近他们的领导人，肯为他们的长官而牺牲了。

【评说】

国家之所以兴旺，在于顺乎民心；之所以败坏，在于背乎民心。民心所归，大事可成；民心所离，立见灭亡！

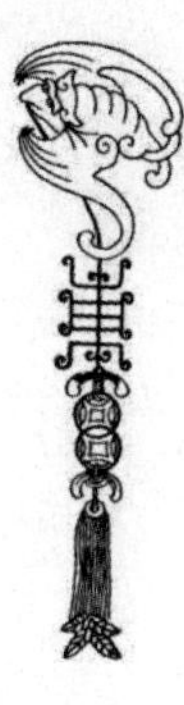

孟子曰：得天下有道，得其民，斯得天下矣。得其民有道，得其心，斯得民矣。得其心有道，所欲与之聚之，所恶勿施尔也。

选自：《孟子·离娄上》

【大意】

孟子说：要想取得最高统治权、获得整个天下是有办法的，那就是获得民众就可以得到天下了。要想获得民众有办法，那就是获得民心就可以得到民众；要想获得民心有办法，民众所需要的，就给予他们，民众反对的就不要强加在他们身上。

【评说】

想获得民心，就要有“衣带渐宽终不悔，为伊消得人憔悴”的动机，就要有“春蚕到死丝方尽，蜡炬成灰泪始干”的精神，就要有“横眉冷对千夫指，俯首甘为孺子牛”的信念，就要有“人生自古谁无死，留取丹心照汗青”的决绝，就要有“粉身碎骨全不怕，要留清白在人间”的气概。

此动机、精神、信念、决绝和气概，都叫“全心全意为人民服务”！

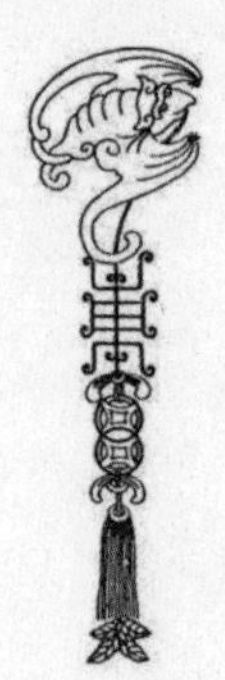

皇祖有训，民可近不可下，民惟邦本，本固邦宁。

选自：《尚书·五子之歌》

【大意】

祖先早就传下训诫，人民是用来亲近的，不能轻视与低看；人民才是国家的根基，根基牢固，国家才能安定。

【评说】

大禹之孙太康，因为没有德行，长期在外田猎不归，招致百姓反感，被后羿侵占了国都。他的母亲和五个弟弟被赶到洛河边，追述大禹的告诫而作《五子之歌》，表达怨恨与哀悔。

让每一个家庭都仁爱，每一个家庭都礼让，就是民意之本，就是民心所在。故，《大学》云："一家仁，一国兴仁，一家让，一国兴让"家是社会最小的细胞，关乎国之安危、民族之兴亡！

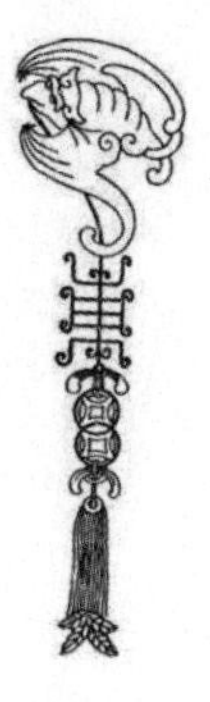

民者，国之根也。诚宜重其食，爱其命。民安则君安，民乐则君乐。

选自：《三国志·吴书》

【大意】

老百姓是国家的根本。国君应该全心全意重视百姓的生活和生命。百姓安定国君就安定，百姓快乐则国君就快乐。

【评说】

《道德经》第七十四章说：民不畏死，奈何以死惧之？

大意为：若到了老百姓不怕死的时候，要用死来吓唬他们还有什么用？寓意为政者要用合适百姓的方式来治理天下，不能总是以酷法恐吓百姓，而要以真正让百姓爱戴的方式来治理天下，此之谓：得民心者得天下。

所以，西汉著名政论家贾谊说，国家要以人民利益为根本，国家领导人应当以人民为基础，每个阶层的领导干部都应当全心全意为人民服务。原文为：国以民为本，君以民为本，吏以民为本。

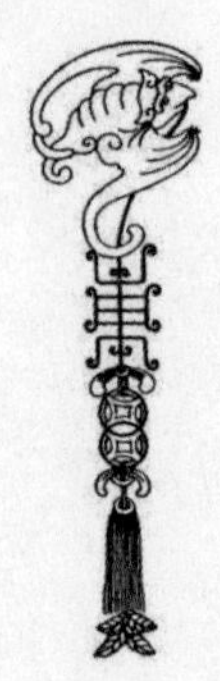

受有臣亿万，惟亿万心；予有臣三千，惟一心。

选自：《尚书·周书 》

【注释】

受：指商纣王，其名受辛。
予：指周武王。

【大意】

周武王十三年春天，诸侯大会于河南孟津。武王与诸侯说：受（商纣的名字）有臣亿万，是亿万条心；我有臣子三千，只是一条心！

【评说】

春秋时期，吴国和越国连年交战，两国的百姓也都将对方视为仇人。有一天，碰巧吴国人和越国人共乘一艘船渡河。船刚开的时候，他们在船上互相瞪着对方，一副要打架的样子。但是当船行至河中央的时候，突然遇到了大风雨，渡船随时都有被惊涛骇浪吞没的危险。在巨大的风浪面前，在这生死攸关的紧要关头，为了保住性命，他们忘记了国家之间的仇恨，纷纷互相救助，就像一家人一样。由于他们齐心协力，才逃过这场天灾，使渡船平安地到达了河的对岸。

上下同欲者胜，同舟共济者赢。这个故事选自《孙子兵法》，成语“同舟共济”“风雨同舟”源出于此。

虑于民也深，则谋其始也精。

选自：欧阳修《偃虹堤记》

【大意】

关心百姓的利益愈深，就要对各项设计措施考虑得愈发周密。

【评说】

十九大报告指出：“全党必须牢记，为什么人的问题，是检验一个政党、一个政权性质的试金石。带领人民创造美好生活，是我们党始终不渝的奋斗目标。必须始终把人民利益摆在至高无上的地位，让改革发展成果更多更公平地惠及全体人民，朝着实现全体人民共同富裕不断迈进。”

《孟子·梁惠王上》曰：保民而王，莫之能御也。

怎么讲？

保护人民、爱护人民才是王道，天下没有谁能与之抗衡。人民是国家的根本，保民爱民，得到人民的拥护和支持，才能所向无敌！

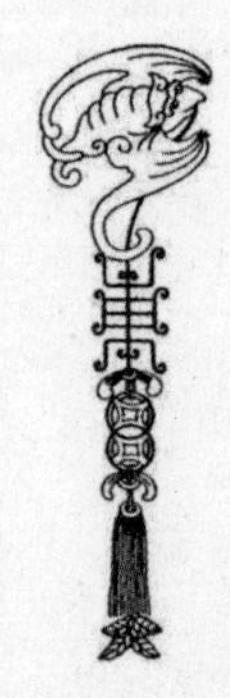

夫民，别而听之则愚，合而听之则圣。

选自：《管子·君臣上》

【注解】

释：夫，发语词，无实义。
别而听之：分别听信个人之辞。
合而听之：全面听取。
圣：通达、英明。

【大意】

对于民声，只听片面之语便作出决断是愚蠢的行为，广开言路、广纳谏言、集思广益才是通达、英明之举。

【评说】

唐太宗问魏征：作为领导和君王，什么叫明，什么叫暗？

魏征回答：兼听则明，偏信则暗。

没有调查就没有发言权。多方面听取意见，才能明辨是非；单听信某方面的话，就愚昧不明。

孔子尤其强调在选拔人才时要考察他的品德和实际才能，不能仅凭听他的言谈就提拔他；在听取意见时，不管他的人品、地位如何，只要是正确的意见都要采纳。并说："君子不以言举人，不以人废言。"意为：君子不因为别人的话说得好就提拔他，也不因为别人的品德不好就废弃他的正确意见。

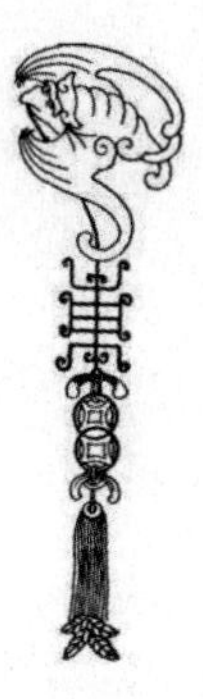

九州生气恃风雷，万马齐喑究可哀。
我劝天公重抖擞，不拘一格降人才。

选自：龚自珍《己亥杂诗》

【大意】

只有狂雷炸响般的巨大力量才能使中国大地发出勃勃生气，然而朝野臣民噤口不言终究是一种悲哀。我奉劝天帝能重新振作精神，不要拘守一定规格降下更多的人才。

【评说】

魏征进谏唐太宗：陛下有时做的一些小事，不想让别人知道，就以威严和权力压人，以此来消除舆论。实际大可不必这样，只要做得对，让老百姓知道又何妨呢？如果做得不对，掩盖又有何用？所以谚语说："若要人不知，除非己莫为；若要人不听见，除非自己不说。"做了却想不被人知，就像遮住眼睛捕捉麻雀，掩住耳朵去偷铃，自以为神不知，鬼不觉，其实是荒唐可笑的举动。又有什么好处呢？

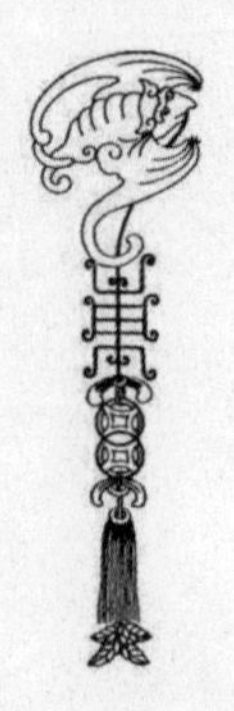

人主自威，则众谋不进。

选自：《资治通鉴》

【大意】

作为领导干部最忌讳三点：一、让人畏惧；二、高不可攀；三、刚愎自用。这就叫“威”。若如此，下属也就不会提出真心意见了。

【评说】

在楚汉战争中，西楚霸王项羽拥有较强的兵力，但却被实力相对较弱的汉王刘邦包围在垓下。项羽奋勇杀出重围，逃到乌江边时，随行的只有 28 名骑兵了，而身后却有成千上万的汉军追杀过来。项羽知道已经无路可逃，只得感叹“这是老天爷要灭我啊！”然后拔剑自杀了。

而西汉文学家扬雄则反对把战争的失败归结于天命的观点。在《法言·重黎》中，他阐述了自己的观点：“汉王刘邦善于采纳众人的计策，众人的计策又增强了大家的力量。而项羽不同，他不虚心接受大家的意见，只依靠自己的勇猛鲁莽行事。善于采纳众人的计策就会胜利，而只凭借个人的勇猛就会失败。这其实与天命没有任何关系，项羽的感叹其实是错误而可悲的。”

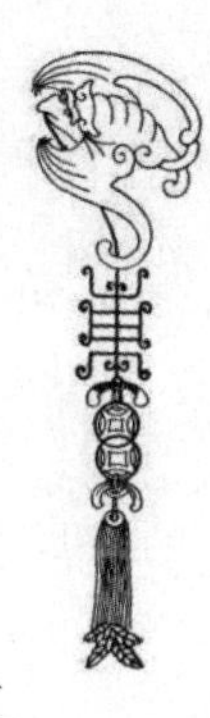

大臣重禄而不极谏，近臣畏罚而不敢言，下情不上通，此患之大者也。

选自：汉·刘向《说苑·杂事》

【注解】

重禄：看重俸禄。
极谏：极力谏诤。

【大意】

下属（大臣）只看重官位、金钱而不提出真心意见，主要领导干部因害怕受到惩罚而不敢说话，下面的情况不能如实地报告给一把手，这是一个组织和国家的最大祸患啊！

【评说】

春秋后期晋国贤臣，政治家、外交家羊舌肸（xī），字叔向。出身晋国公族，历事晋悼公、平公、昭公三世，为晋平公傅、上大夫，叔向和晏婴、子产是同时代人，他不曾担任晋国国政的六卿，但以正直和才识见称于时。羊舌肸曾向晋平公进谏坦言，大臣们只顾个人私利，为保高官厚禄而不进谏；近臣们怕触犯领导的情绪，明哲保身而不敢说话；下情不能上达，执政者两眼漆黑，这是国家的最大祸患！

虚心以延众论，不必谋自己出。谋自己出，则谄谀得乘间迎合矣。

选自：《范忠宣公集》

【注解】

延：这里是“引”的意思，引入，引见，迎接。

【大意】

作为领导干部，尤其是一把手，应该虚心听取大家意见，尽量不要把主意拿在下属之前。若总是独断、自觉高明，下属也就失去了提出真心意见的信心，从而引得小人的谄媚奉迎。

【评说】

春秋时期宋国国君宋昭公亡国后出逃，到达了邻国，感慨说道，我终于知道亡国的原因了。我朝做官的千百人，没有一个不说“我们君主圣明！”侍从妃子数百人，没有一个不说“我们君王长得英俊！”朝内朝外都听不到说我的过错，没有一个人为我提出真心意见啊！因此到了这个地步！

试想，一个国君被一群阿谀奉承、唯唯诺诺的臣子们所包围，既不了解下情又听不到不同意见，这是走向灭亡的节奏呀！

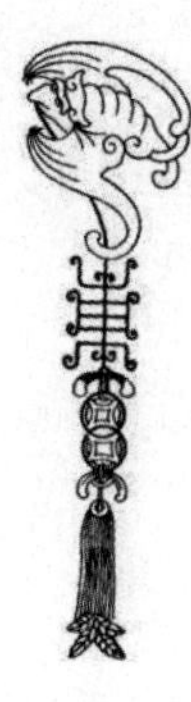

子曰：下之事上也，不从其所令，从其所行。上好是物，下必有甚者矣。故上之所好恶，不可不慎也，是民之表也。

选自：《礼记·缁衣》

【大意】

孔子说：下面的人跟着上面的人做事，不是服从于上面的人发号施令，而是信服其实际言行。上面的人喜欢这样东西，下面的人一定更喜欢这样的东西。因此缘故，上面的人的喜欢与不喜欢，不可以不慎重为之，因为这是民众的表率呀。

【评说】

《管子》说，引导人民走什么门路，看君主提倡什么；号召人民走什么途径，看君主的好恶是什么。君主追求的东西，臣下就想得到；君主爱吃的东西，臣下就想尝试；君主喜欢的事情，臣下就想实行；君主厌恶的事情，臣下就想规避。因此，不要掩蔽你的过错，不要擅改你的法度；否则，贤者将无法对你帮助。在室内讲话，要使全室的人知道；在堂上讲话，要使满堂的人知道。这样开诚布公，才称得上圣明的君主。

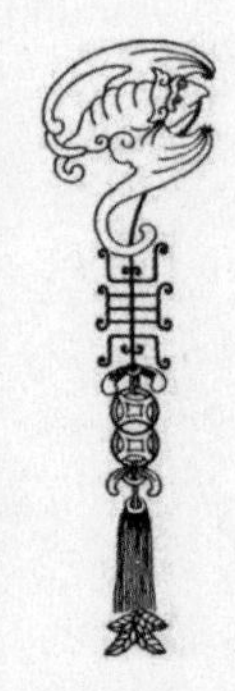

千人之诺诺，不如一士谔谔。

选自：《史记·商君列传》

【注解】

诺诺：连声应诺。表示顺从，不加违逆。
谔谔：直言争辩的样子。

【大意】

众多唯唯诺诺、顺从逢迎之人，不如一名真心提出意见的诤谏之士可贵。

【评说】

曾国藩对自己有过忠告：“事事顺吾意而言者，此小人也，急宜远之。”此句恰应每个领导干部思考：奉承你的人，说你好的人，从来不对你提意见的人，你是否离不开他的“美好”呢？

三国时期的官渡之战，袁绍拒绝田丰、沮授等人的逆耳忠言，曹操则广招贤士，虚心求教，连袁绍手下的谋士许攸也为曹操所用，最终击败袁绍一统北方。而，在接下来的赤壁之战中曹操却一意孤行，败走华容道后痛哭谋士郭嘉早死，致使身边无人劝谏自己纠正错误。

所以，身边能有一个对你“说不”的人多么重要呀！

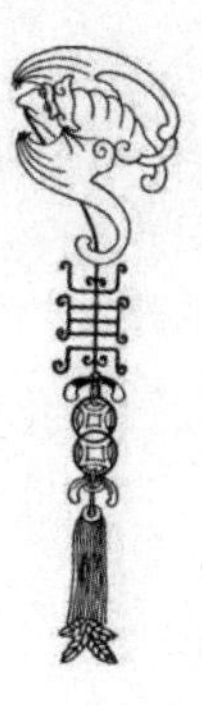

臣闻观于明镜，则疵瑕不滞于躯；听于直言，则过行不累乎身。

选自：王粲·《仿连珠》

【注解】

王粲（càn）：山东微山两城镇人。东汉末年文学家，“建安七子”之一。

【大意】

经常用明镜照照自己，那么污垢就不会存留在身上；能听取直率的批评，就可以摆脱错误行为的牵累。

【评说】

公元643年，直言敢谏的魏征病死了。唐太宗很难过，流着眼泪说，一个人用铜作镜子，可以照见衣帽是不是穿戴得端正；用历史作镜子，可以看到国家兴亡的原因；用人作镜子，可以发现自己做得对不对。魏征一死，我就少了一面好镜子了。

由于唐太宗重用人才，能采纳大臣的直谏，政治比较开明，而且注意减轻百姓的劳役，采取了一些发展生产的措施，唐朝初期经济出现了繁荣景象，社会秩序比较安定，历史上把这段时期称做“贞观之治”。

积力之所举，即无不胜也；众智之所为，即无不成也。

选自：《文子·下德》

【注解】

文子：老子的弟子、道家学派主要代表人物，与孔子同时，范蠡尊之为师，乃《文子》一书作者。

【大意】

拿出所有人的力量去做事情，就没有不胜利的；集中众多人的智慧干事业，也没有不成功的。

【评说】

《孙子兵法》说："上下同欲者胜。"《孟子》说："天时不如地利，地利不如人和。"三国时期的孙权说："能用众力，则无敌于天下；能用众智，则无畏于圣人。"中国人一直在说："人心齐，泰山移。""五人团结一只虎，十人团结一条龙，百人团结像泰山。"

十几亿人口的中国是利益共同体、命运共同体，一荣俱荣，一损俱损。这便是团结的力量，这便是人民的力量！

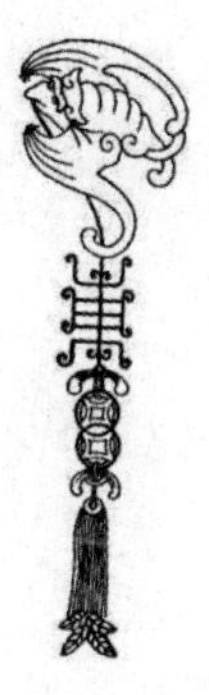

为政之道，以顺民心为本，以厚民生为本，以安而不扰民为本。

选自：宋·程颐·《代吕晦叔应诏疏》

【大意】

执政的大道，以顺应民心为根本，以使百姓生活充裕为根本，以使百姓安定不受侵扰为根本。

【评说】

在《论语·颜渊篇》中记载了一个以民为本的对话。

鲁哀公问有若说，遭了饥荒，国家经济短缺、用度困难，怎么办？

有若回答说，为什么不实行彻法，只抽十分之一的田税呢？

哀公说，现在抽十分之二，我还不够，怎么能实行彻法呢？

有若说，如果百姓的用度够，您怎么会不够呢？如果百姓的用度不够，您怎么又会够呢？

鲁国当时所征的田税是十分之二的税率，即使如此，国家的财政仍然是十分紧张。而有若的观点是，削减田税的税率，改行“彻税”即什一税率，使百姓减轻经济负担。只要百姓富足了，国家就不可能贫穷。反之，如果对百姓征收过甚，这种短期行为必将使民不聊生，国家经济也就随之衰退了。

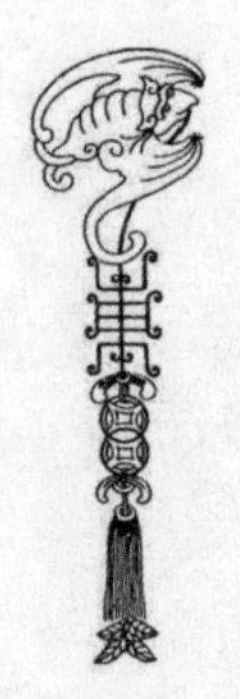

孟子曰：以力服人者，非心服也，力不赡也。以德服人者，中心悦而诚服也。

选自：《孟子·公孙丑上》

【注释】

赡：富足，足够的意思。

【大意】

靠武力使人服从，不是真心服从，只是力量不够（反抗）罢了；靠道德使人服从，是心里高兴，真心服从。

成语“心悦诚服”源出于此。

【评说】

世界上总有人想靠拳头来解决问题，殊不知强中更有强中手。即便有人暂时屈从于武力和淫威，也不过是口服心不服罢了。还有人人想靠恐吓和拆散别人家庭让自己变得强大，殊不知一切阴谋都会在阳光下融化。一切虎视眈眈和狐假虎威都是纸老虎！

战争解决不了战争，核武解救不了核武。想过好自己日子，也要让别人过好日子。不让别人过好日子，自己永远过不好日子。握拳，不如握手；拆台，不如帮助；算计，不如协作！

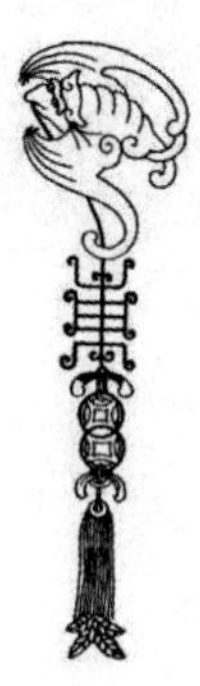

孟子曰：得天下有道，得其民，斯得天下矣。得其民有道，得其心，斯得民矣。得其心有道，所欲与之聚之，所恶勿施尔也。

选自：《孟子·离娄上》

【大意】

孟子说：让天下安定，民富国强是有办法的，那就是获得民众就可以得到天下了。要想获得民众有办法，那就是获得民心就可以得到民众；要想获得民心有办法，民众所需要的，就给予他们，反对的就不要强加给他。

孔子的孙子子思是孟子的老师。孟子曾经向子思请教治理百姓什么是当务之急。

子思说，叫他们先得到利益。

孟子问道，贤德的人教育百姓，只谈仁义就够了，何必要说利益？

子思说，仁义原本就是利益。上不仁，则下无法安分；上不义，则尔虞我诈，这就造成最大的不利。所以《易经》中说，利，就是义的完美体现。

【评说】

想让他过得好，就给他利益，让他安居乐业；想让他活得好，就给他仁义，让他梦里安闲。

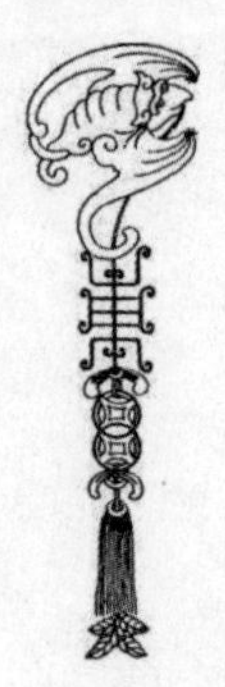

可爱非君，可畏非民。众非元后，何戴？后非众，罔与（yù）守邦？

选自：《尚书·大禹谟》

【注释】

非：非难、为难、指出过错、教化之意。
元后：指天子。
罔：像网一样联合在一起。

【大意】

一个国家里，可爱之处在于百姓能指出君主的过错，可怕的是君主及领导干部为难百姓。（君主接受了百姓的批评，就自然得到百姓的爱戴。可怕的是，君主不接受百姓的批评，那么，批评的声音就会越来越多）如果天下人都批评君主，还怎么叫民众爱戴君主呢？当然，君主若不合理教化百姓，百姓怎么会联合在一起保家卫国呢？

【评说】

人应当常照三面镜子：

1. 以欲望为镜。在钱、权、名、利、情色和虚荣前，是否还能找到原来的自己？

2. 以朋友为镜。看看自己身边有多少孝敬、诚信、正直和读书的朋友，若太多喝酒、娱乐、纵情、享受和朋友圈的“点赞之交”，就要小心了。

3. 以责任为镜子。是否变得满嘴好听话，一口油滑腔。是否愿意为单位、社会和国家说一些正义的话？

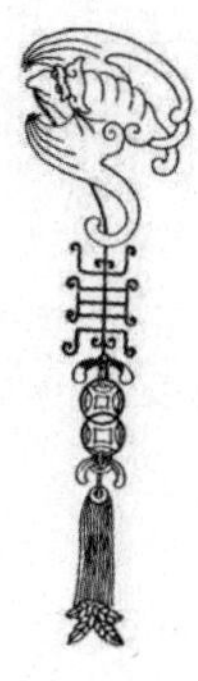

子产听郑国之政，以其乘舆（yú）济人于溱（zhēn）、洧（wěi）。孟子曰：惠而不知为政。岁十一月徒杠（gàng）成，十二月舆梁成，民未病涉也。君子平其政，行辟人可也，焉得人人而济之。故为政者，每人而悦之，日亦不足矣。

选自：《孟子·离娄下》

【大意】

郑国宰相子产治理郑国的政事，用自己乘坐的车子帮助别人渡过溱水和洧水。孟子说：子产仁惠却不懂治理政事的方法。如果十一月份把走人的桥修好，十二月份把行车的桥修好，百姓就不会为渡河发愁了。在上位的人搞好了政治，出行时让行人回避自己都可以的，哪能一个个地帮别人渡河呢？所以，治理政事的人，对每个人都一一去让他喜欢，工作的时间也就太不够用了。

【评说】

我见过这样的领导：

1. 选一个重要的节日，找一个贫困的人家，投二百块钱慰问，邀请尽量多的记者同行。

2. 找几个搞房地产的朋友，在某天开会的时候来请吃饭，然后当众把他们臭骂一顿并赶走他们。

3. 在某个工作比较忙的阶段，故意几天几夜不回家，然后让老婆在上班高峰期跑到单位来大喊大叫：某某某你只要大家不要小家了吗？

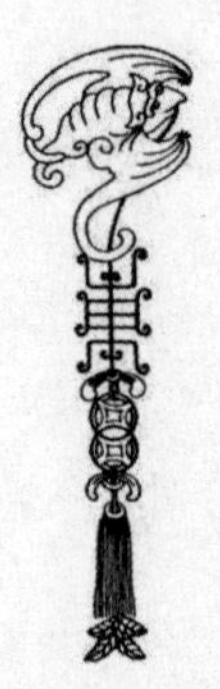

子曰：君子之德风，小人之德草。草上之风必偃。

选自：《论语·颜渊第十二》

【大意】

孔子说：领导干部的德行像风一样，百姓和下属的德行如草一般。风吹在草上，草一定顺着风的方向倒去。

【评说】

战争年代，有记者发现一个“有趣的现象”，他说敌人军队的指挥官们在指挥士兵冲锋陷阵时喊的是：“弟兄们给我上！”而我军的指挥官在同样情况下喊的是：“同志们跟我上！”

呈现在我们眼前的是：一个领导持枪，在后面威逼督阵，一个领导带头，不顾生死，在前面带头冲锋。

没有横空出世的胜利，每个成功都不是偶然。领导的德行，就是众人的德行；领导的忠诚，就是众人的忠诚；领导的勇敢，就是众人的勇敢。

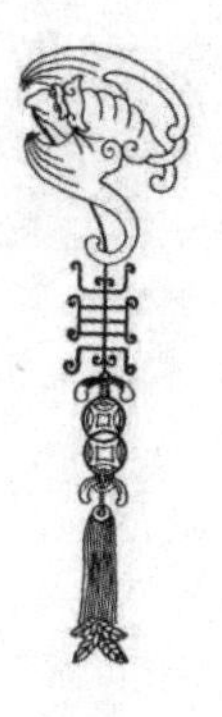

《诗》曰："周虽旧邦，其命维新。"是故君子无所不用其极。

选自：《大学》

【大意】

《诗经·大雅》篇说："周朝虽然是旧的国家，但却禀受了新的天命。"所以，一个有道德的人，为了这种上天赋予的新命，无时无刻、无处不在地完善自己。

【评说】

人是生活在变化中的。事物发展到了极点，就要发生变化，发生变化，才会使事物的发展不受阻塞，事物才能不断发展。不断发展，才可实现我们心中那个不变的目标。

当我们感觉困难了，疲乏了，力不从心了，说明我们的"变化力"弱了，学习力差了，到了必须改变现状的时候了。

但，不要因为变而迷失、骄纵和吓退了自己。不要忘记出发时的理想，不要惧怕变化中的苦难。这叫什么呢？万变不离其宗。还叫什么呢？"不忘初心，方得始终"。

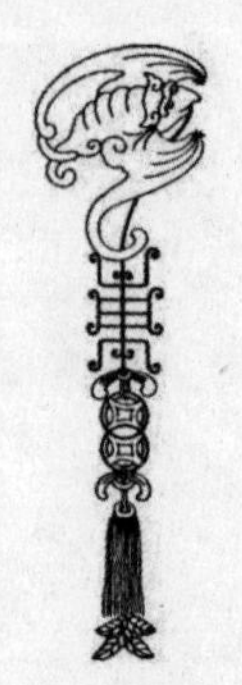

【文明篇】

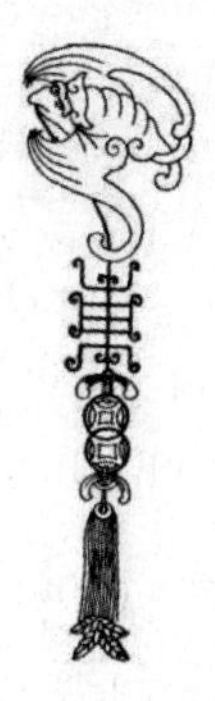

泰山不让土壤，故能成其大；河海不择细流，故能就其深；王者不却众庶，故能明其德。

选自：秦·李斯 《谏逐客书》

【大意】

泰山不舍弃任何土壤，所以能那样高大威仪；河海不排斥任何细流，所以能那样深远悠长；帝王不拒绝任何臣民，所以能彰显他们的恩德。

【评说】

2017 年国际泳联游泳世锦赛男子 400 米自由泳决赛，孙杨夺冠后主动和曾被白岩松评论为“混蛋”的澳大利亚选手霍顿握手。从孙杨身上我瞬间读懂了奥运精神，更快的是孙杨的速度，更高的是人文竞技的内涵，更强的是一个炎黄子孙的博大和文明。

孙杨用比赛赢得了冠军，却用胸怀赢得了世界。最高贵的复仇就是在比赛上赢了你，然后满怀真诚地拥抱你。宽容，永远属于胜利者。懦夫只懂得诋毁、污蔑和自欺欺人。

弘一法师说，人之谤我，与其能辩，不如能容。人之侮我，与其能防，不如能化。为王者孙杨点赞！

为人母者，不患不慈，患于知爱而不知教也。

选自：司马光《家范》

【大意】

做母亲的，我们不担心不慈爱，担心的是懂得慈爱却不懂得教育。

【评说】

郑板桥之诗、画、书法堪称清代一绝。临终之时，对小儿子难以放心。病床前，亲人悲痛难忍。弥留之时，郑板桥终于再显精神。其子问父，有何教诲？父对子曰：我想吃你亲手蒸的馒头。

老父之命难违，儿子迅速下厨。家里仆人和书房读书习字之人，手忙脚乱于厨房，蒸馒头犹如上战场。几番操作，几番难成。父亲奄奄一息，积聚精力等待，终于没有等到儿子功成。

郑氏之子，号啕大恸。痛悔平日未能学有一技，深感平凡小事学之不易，遗恨没能满足父亲于临终。亲手为父亲更衣，枕下留有纸条，上有字迹：吃自己的饭 淌自己的汗 自己的事情自己干 靠天靠地靠祖宗 不算是好汉！

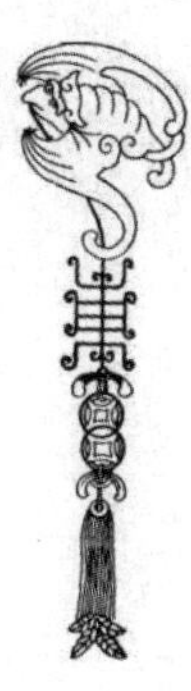

遭一蹶者得一便，经一事者长一智。

选自：《新编五代史平话》

【大意】

人经历了一次挫折或打击，便对自己的人生多一份受益；经历了一次事件后，从中获取了教训，总结了经验，就是增长智慧了。

【评说】

让孩子学会独立，让他受一点苦，就是培养孩子独立意识和良好的习惯。比如孩子的房间从小就要让他学会自己整理；孩子上学有时忘记带文具什么的，不要给他送去，让他自己跑回家拿。这样他才会长记性，而且能养成不依赖他人不责怪别人的好习惯。早晨起床，不要一遍一遍地催促、央求、愤怒，给他一个闹表。

人生如同时钟，每个人的迟到都要受罚。做父母的常常会犯一个错误，那就是在“爱”的名义下，伤害了孩子。

自天子以至于庶人，壹是皆以修身为本。

选自《大学》

【大意】

上至天子，下至平民，一切都要以修身、律己为做人处世的根本。

【评说】

晏子于齐国位至卿大夫。他的结发妻子已经成了颤颤巍巍的老妇人，满脸皱纹，一头白发，穿着粗布衣服。但是晏子与她仍然相敬如宾，相互恩爱。

齐景公看到晏子数十年如一日，为齐国的内政外交作出了巨大贡献，对晏子既赏识又敬重，想把自己的一个女儿嫁给他。于是景公就找了个借口，到晏子家去喝酒。

景公看见晏子的妻子，问道："这就是你的妻子吗？"

晏子说："是的。"

景公说："啊！这么老这么丑啊！我有一个女儿，既年轻又漂亮，就让她嫁给先生侍候你起居吧。"

晏子离席，恭敬地回答说："我的妻子现在确实是又老又丑，但是我也见过她年轻漂亮时候的样子啊！我与她一起生活已经很久了，从她年轻漂亮的时候，直到变得又老又丑。她将终身托付于我，而我也接受了她的托付。君王想把女儿赐婚给我，但是我怎么可以辜负我妻子的托付呢？"晏子拜了又拜，辞谢了君王的恩赐。

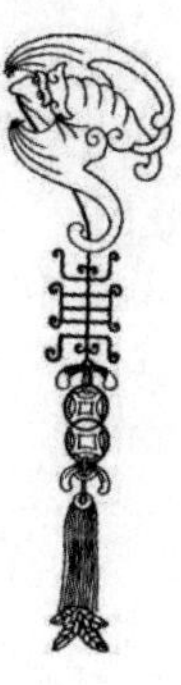

纵欲之乐，忧患随焉。

选自：清·申居郧《西岩赘语》

【大意】

放纵欲望去追求享乐，忧愁祸患就会随之而来。

【评说】

一切的享乐、纵情和贪欲都是为了自己舒服。而，只为自己舒服，不顾他人是否舒服，到最后一定不舒服。

所以人要自观。这里的观，不是用眼睛看，而是用心来观。一个人，做出任何事情都要映照内心。若嘴与心不对，行与心不对，那么就要好好地观内心了。

不观内心，即便给你“日出江花红胜火，春来江水绿如蓝”的世界，亦是惊扰灵魂的里程。

孔子曰：夫如是，故远人不服，则修文德以来之。既来之，则安之。

选自：《论语·季氏第十六》

【大意】

这里谈到一个现代城市引进人才和招商引资的根本。孔子说：如果说远方的贤达之士不来，那么，就修治文教德政，让社会文明和谐，使他心悦诚服地来。如此，来了以后，也就安定下来了。

【评说】

唐朝御史大夫柳玭（pín）贬职为沪州郡守时，渝州有位秀才的文采并不高，却拿着自己的作品上门拜见。柳玭竟然大加夸奖勉励，临走还送点礼物。家人认为这样太过分了。

柳玭说，巴蜀一带多豪杰之士，而这些爱好文学的青年，如果不诱导奖励他，将失去这种志趣。因为我的称赞，别人必定以他为荣，因此就能有更多人爱好文学，如此便能减少三五个乱民，不是很好吗？

文学如水，身在其中没觉得它有多么美好。若缺乏了它，生活的品质将一落千丈，暴力与罪犯将会大行其道。

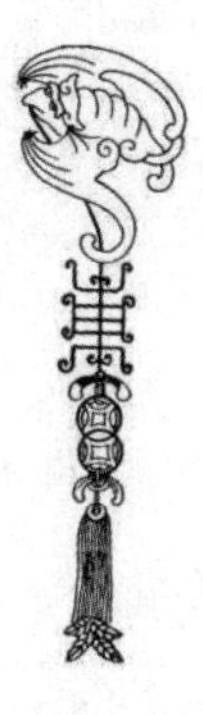

通其变，天下无弊法；执其方，天下无善教。

选自：隋·王通 《中说》

【大意】

通晓事物变化，按照事情规律而灵活应对，天下就不存在有弊端的法制；拘泥于陈规旧制而死板教条，天下就不会有好的教化。

【评说】

孟子对宋国大夫戴不胜说：你是想要你的国王达到善的境地，有高尚的品德吗？让我明确地告诉你，在这里有一位楚国的大夫，希望他的儿子能说齐国话，那么是让齐国人来教他呢，还是让楚国人来教他？

戴不胜说：让齐国人来教他。

孟子说：一个齐国人教他，众多楚国人吵扰他，即使天天鞭打他，而要他学会齐国话，也很困难。若是带他到齐国的大街小巷住上几年，即使天天不鞭打他，要他说齐国话也很容易。

尽可能想办法与有道德、有素养的文明人在一起的，那么你也会逐渐做成他们的样子。

良冶之子，必学为裘；良弓之子，必学为箕；始驾马者反之，车在马前。

选自：《学记》

【大意】

精于冶炼铸造的工匠的儿子，一定先学会用皮子镶嵌成衣；优秀的制造弓箭者的儿子，一定先学会用柳枝编织成箕；小马初学驾车相反，它是跟在车子后面的。

【评说】

孩子，是父母的镜子。孩子不读书，父母一般也很少读书；孩子性格暴躁，父母也不会很温婉；孩子投机取巧，父母一般就急功近利；孩子不计较个人卫生，父母的生活习惯应该也很邋遢。家庭中的两块镜子互为照耀。前提，有一块脏了，另一块必脏。

教育孩子，爹妈是大事，别动不动就指责老师。你俩人管一个孩子，老师一人管四五十个孩子。你都管不好，还能指望老师管好？

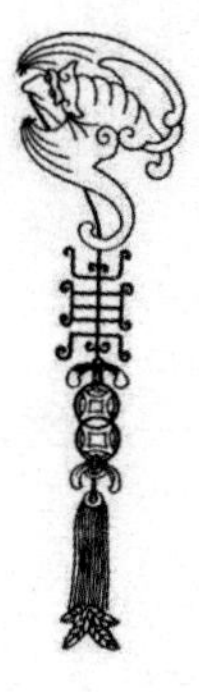

《诗》云：“其仪不忒（tè），正是四国。”其为父子兄弟足法，而后民法之也。此谓治国，在齐其家。

选自：《大学》

【大意】

《诗经·国风·曹风》说：“容貌庄重严肃，举止不出差所，才能成为四方国家的表率。” 只有当一个人，无论是作为父亲、儿子，还是兄长、弟弟时都值得人效法时，老百姓才会去效法他。这就是要治理国家必须先管理好家庭和家族的道理。

【评说】

一个小男孩因在街上随地吐痰、大小便被城管叔叔教育，在学校因用脏话滥骂其他小朋友被老师批评。小男孩很委屈，也很后悔。想起平时爸爸也是这样做的：爸爸最爱抽烟，还经常喝得醉醺醺，一有时间就搓麻将，还经常对他指手画脚，最近的职工考试才得了30分！于是，小男孩回到家对爸爸大喊：爸爸，我要给你请个家庭教师！

人生大病，只是一“傲”字。

选自：王阳明·《传习录》

【大意】

人最大的毛病，用一个字来定义，就是“傲”。

【评说】

我们的悲哀在于：不知道自己不知道。

所以，我们自以为是。总觉得别人是错的，自己是对的。这便是人不能进步，甚至落后和低贱的根源。

人的智慧是在不断否定自己的过程中成长的。假若您有很长时间都没有认为自己不对，那您就是真不对了。

总说自己长处，就是短；认知自己短处，就是长。学问多大也别满足，过失多小也别忽略。

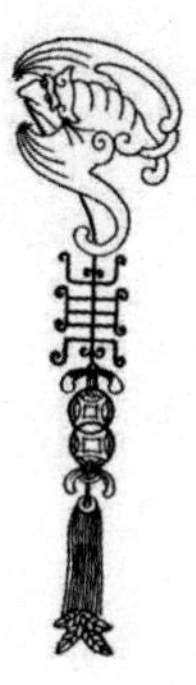

所谓齐其家在修其身者，人之其所亲爱而辟焉，之其所贱恶而辟焉，之其所畏敬而辟焉，之其所哀矜而辟焉，之其所敖惰而辟焉。故好而知其恶，恶而知其美者，天下鲜矣！故谚有之曰：“人莫知其子之恶，莫知其苗之硕。”此谓身不修，不可以齐其家。

选自：《大学》

【大意】

之所以说管理好家庭和家族要先修养自身，是因为人们对于自己亲爱的人会有偏爱；对于自己厌恶的人会有偏见；对于自己敬畏的人会有偏向；对于自己同情的人会有偏心；对于自己轻视的人会有偏意。因此，世上很少有人能喜爱某人又看到那人的缺点，厌恶某人又看到那人的优点。所以有谚语说：“人都不知道自己孩子的缺点，人都不满足自己庄稼的茁壮。”这就是不修养自身就不能管理好家庭和家族的道理。

【评说】

一个人的成功与家境无关，与家风有关。果子酸了，要在树根上下功夫哟！

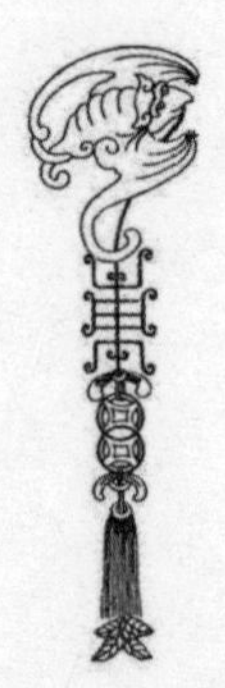

种树者必培其根，种德者必养其心。

选自：王阳明·《传习录》

【大意】

种一棵树，要从树根培育；教育一个人要从德开始。即俗话讲：浇花浇根，交人交心。

【评说】

一家人围着6岁的小男孩问他的理想，小男孩说想当医生。

外婆说医生好，社会地位高。

奶奶说对对对，待遇也不错。

爷爷说除了工资还有其他的收入呢！

外公说更重要的是以后找对象方便。

小男孩的爸爸听后，甚是满意地问小男孩，儿子，你跟爸爸说，为什么想当医生？

小男孩说，不是说医生可以治病救人吗？

假如，我们培养一批这样的后代：精心打扮、努力伪装的“利己主义者”，有着高级的智商、市井的世俗、演员的功夫、非常懂得配合、善于利用人情和体制来实现自己的目的……

您认为我们的社会能好起来吗？

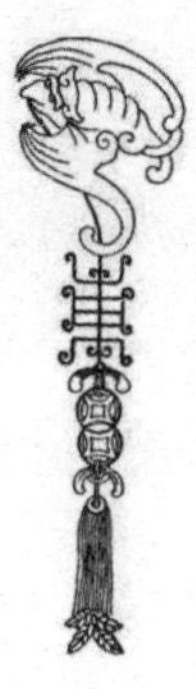

子适卫，冉有仆。子曰：庶矣哉！冉有曰：既庶矣，又何加焉？曰：富之。曰：既富矣，又何加焉？曰：教之。

选自：《论语·子路第十三》

【大意】

孔子到卫国去，冉有为他驾车。孔子说：人口真多呀！冉有说：人口已经够多了，还要再做什么呢？孔子说：使他们富起来。冉有说：富了以后又还要做些什么？孔子说：对他们进行教化。

【评说】

有个班主任，处理过一起校园单车失窃案，案情很快就水落石出，主演就是班上的一个熊孩子。单车物归原主后班主任准备和犯错的孩子及家长好好聊聊。孩子父亲却说：我们家不差钱，孩子就是一时贪玩，说多了会伤害他的自尊！

当一个家庭的眼里只有钱，忽视了正义、责任和法律，会多么可怕。对于父母来说，你若不好好教育孩子，必定有人狠狠地帮你教育！

子曰：不教而杀谓之虐。

选自《论语·尧曰第二十》

【大意】

孔子说：不经教化便加以杀戮和惩罚叫做暴虐。

【评说】

到一个省重点中学，给近千名高中生讲课。

课后，同学们兴趣盎然，纷纷提问。有的问：议论文难写怎么办；有的问：社会险恶怎么办；有的问：你在清华讲课和我们学校讲课的感受是什么。我注意到，每个学生上来就提问，从来不叫老师，也不说你好。

我一一回答，并逐个鼓励，之后说：同学们，如果你们提问时说老师你好，我就觉得如沐春风了。

果然，同学们再次提问都谦恭有礼：老师您好，我想请教个问题……

我是略有感触的，我不会批评同学们的无礼。只想知道，是谁让这群学生如此无礼？

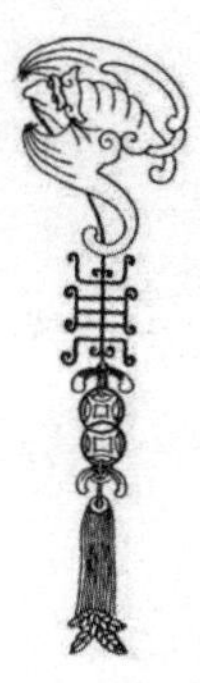

子曰：君子无所争，必也射乎。揖让而升，下而饮。其争也君子。

选自：《论语·八佾第三》

【大意】

孔子说：有德行的君子，心平气和，与人相处恭敬谦逊，与世无争。如果一定要找他有所竞争的地方，那定是在比赛射箭的时候。将要开始射箭的时候，先行礼，后上场。射完之后，必与一同射箭的人一同下场来，胜者敬酒，说道：承让，承让。负者举杯，说道：领教，领教。

【评说】

争吵、争执、争辩的人大多幼稚，因为没有人能在争中获胜。你输了，就是输了，即使赢了，也是输了。为啥？刺伤他人自尊，招致他人怨恨。何必呢？真正的赢没有争出来的！

俩明白人不争，因为都知道争是件吃亏的事，就互相谦让；一明白人和一糊涂人也不争，因为明白人躲着糊涂人，宽容糊涂人；争者，俩糊涂虫也！

子张问仁于孔子。孔子曰：能行五者于天下为仁矣。

请问之。

曰：恭、宽、信、敏、惠。恭则不侮，宽则得众，信则人任焉，敏则有功，惠则足以使人。

选自：《论语·阳货篇》

【大意】

子张向孔子问什么是仁。

孔子说：能够实行五种品德，就是仁人了。

子张说：请问哪五种？

孔子说：庄重、宽厚、诚实、勤敏、慈惠。庄重就不致遭受侮辱，宽厚就会得到众人的拥护，诚信就能得到别人的任用，勤敏就会提高工作效率，慈惠就能够差使别人。

【评说】

仁，左边表示一个站立的人，右边是个“二”，有两种含义：

1. 代表数字，是个复数。指不仅是我一个人，还有我以外的很多人。如“老吾老以及人之老，幼吾幼以及人之幼”。

2. 右边的“二”代表天、地，指做人要效法天地。三代表天、人、地三才。仁字从二不从三，要化掉人心，只怀天地心，以天性善良、地德忠厚的心来为人处世，即有博爱心、包容心，自会产生仁爱心。

仁，是中国古代一种含义极广的道德范畴。孔子把“仁”作为最高的道德原则、道德标准和道德境界。它包括孝、悌、忠、信、礼、义、廉、耻、仁、爱、和、平等内容。

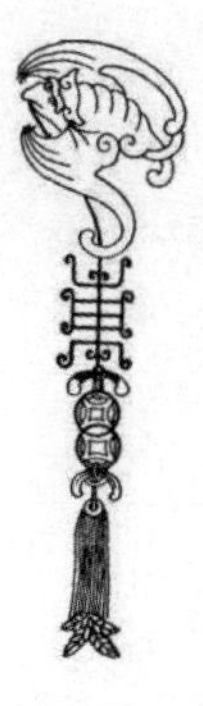

衰世好（hào）信鬼，愚人好（hào）求福。

选自：汉·王充《论衡·解除篇》

【大意】

没落的时代喜好相信鬼魅，愚蠢的人们喜好祈求福分。

【评说】

《笑林广记》记载这样的故事：有个人出外经商，其妻让他买把梳子回来。丈夫问梳子是什么形状，妻子指着月牙说，和月亮形状一样。

丈夫卖完货物，突然想起妻子的话，便抬头看月亮，当时月亮正圆，于是按照月亮的样子买了一面镜子带回来。

妻子拿起镜子一看大骂道，梳子不买，为何反倒娶了一个小老婆？

夫妻争吵不休，母亲过来劝解，突然见到镜子，照后说，我儿有心花钱讨小老婆，为何讨个老太婆？

三人互相埋怨告到官府。当官的派衙役去捉拿到案，衙役见到镜子，惊慌说，才出来去捉人，为何又派人来捉我？

等到审案时，衙役把镜子放在案桌上，当官的照见大怒说，夫妻不和之事，何必请地方官来说情。

糊涂是因为缺乏智慧。提高辨别是非的能力，让人民有信仰，国家才会有力量，民族才会有希望！

孟子曰：存乎人者，莫良于眸子。眸子不能掩其恶。胸中正，则眸子瞭（liào）焉；胸中不正，则眸子眊（mào）焉。听其言也，观其眸子，人焉廋（sōu）哉？

选自：《孟子·离娄上》

【大意】

孟子说：观察一个人，再没有比观察他的眼睛更好的了。眼睛不能掩盖一个人的丑恶。心中光明正大，眼睛就明亮；心中不光明正大，眼睛就昏暗不明，躲躲闪闪。所以，听一个人说话的时候，注意观察他的眼睛，他的善恶真伪能往哪里隐藏呢？

【评说】

一个人的容貌庄重严肃，就可以避免粗暴放肆；使脸色一本正经，这样就接近于诚实忠信；让自己说话的声调和语气谨慎小心，就可以避免粗野和无礼。

但，这个人必须修心！

心的安静与浮躁、美好和虚伪，都体现在一尺的脸上了，而一尺脸上的神气，尽收在一寸的眼睛中。天才的美容师，可以修饰眼眶、眼角、眼梢、眼皮甚至眼睫毛，但无法修饰眼神哟！

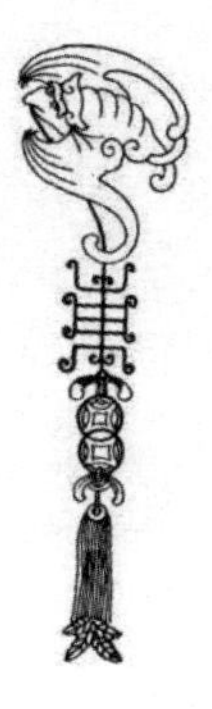

教子十过，不如奖子一长；教过不改也徒伤情，奖长易功也且全恩。

选自：清·颜元《四存编》

【大意】

花费很多时间和精力去苛求孩子，不如用一点心力去发现其优点，并以此鼓励他，让孩子体验到成功的滋味。经常指责孩子的缺点就如同给他贴个标签，他就会自然地朝这个方向发展了。如果经常鼓励儿女，久而久之，孩子健康成长，父母快乐开怀，彼此之间就越来越亲密了。

【评说】

有个孩子跟妈急了。源于妈问：儿子，写完作业了吗？儿子大怒，说我忍无可忍了！

问写作业不是很正常吗？有啥可急的呢。儿子说，你知道后面的话要说什么吗？我要是写完了，她会说，写完了不说预习其他课目，背背单词，做做习题呀！你也太不负责了吧！我若说没写完，她会说，没写完还不赶紧写去！那么多课目、单词、习题都等着呢！你也太不负责了吧！

哎哟，我的妈呀！一天到晚总有个喜怒无常的复读机跟着你，你受得了吗？

孟子曰：仁言不如仁声之入人深也，善政不如善教之得民也。善政，民畏之；善教，民爱之。善政得民财，善教得民心。

选自：《孟子·尽心章句上》

【大意】

孟子说：仁德的言语、好听的话，不如仁德的声望那样深入人心，好的政令不如好的教育那样赢得民众。好的政令，百姓畏服；好的教育，百姓喜爱。好的政令可以令百姓发财致富，好的教育使百姓民心所向。

【评说】

人可以短时间内腰缠万贯，成为富翁，但要成为一名绅士，没有这个家族几代人的努力，基本是做不到的。

三年五年可以培养一个博士，但要培养一群崇德尚礼、笃信好学、富而有礼、贫而无谄和刚健有为的人民，那又需要多少年呢？

文明，你知道我在等你吗？

孟子曰：中也养不中，才也养不才，故人乐有贤父兄也。如中也弃不中，才也弃不才，则贤不肖之相去，其间不能以寸。

选自：《孟子·离娄章句下》

【注释】

中：指无过过犹不及的中庸之道，代指品德好的人。
养：培养、熏陶、教育之意。

【大意】

孟子说：（一个社会文明的基础在于）品德修养好的人教育熏陶品德修养不好的人，有才能的人教育熏陶没有才能的人，所以人人都乐于有好的父亲和兄长。如果品德修养好的人抛弃品德修养不好的人，有才能的人抛弃没有才能的人，那么，所谓的“好人”又好在哪里呢？好与不好之间的差别又在何处呢？估计，好与坏的距离连一寸都没有了。

【评说】

《三字经》讲：“养不教，父之过；教不严，师之惰。”试问，我们的父母和老师，对于孩子尽职、尽责、尽力、尽心了吗？

有父母说当然，我们牺牲青春，牺牲金钱，牺牲健康，牺牲幸福，把一切都给了孩子。我说，这是父母给孩子的最可怕的礼物，叫过分溺爱，也叫心灵施暴，孩子会逐渐变成你最熟悉的陌生人……

书犹药也，善读之可以医愚。

选自：西汉·刘向 《说苑》

【大意】

书是一味良药，善于读书的人用它可以治疗迷惑和愚蠢。

【评说】

人，不论18岁还是80岁，不阅读就是老了。有些家长自己不阅读，把希望都寄托在孩子身上。一般，家长不阅读，孩子就不阅读。家长不阅读却逼着孩子阅读，这啥意思？无知呀！

总有人借口“忙”而不读书，实则这些人闲下来也不会读书。只有忙碌没了文化，会连本带利都输掉。

英国人曾说，宁可失去整个印度，也不肯失去莎士比亚。乔布斯说，我愿意用我所有的科技，去换取和苏格拉底相处的一个下午。

从今天开始，我们一起读书好吗？

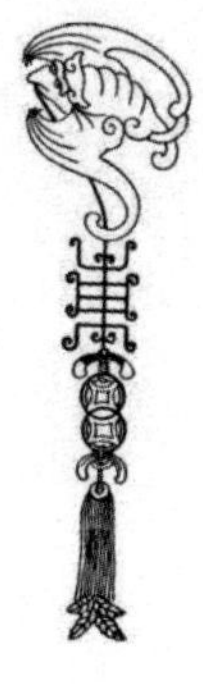

穷巷多怪，曲学多辩。愚者之笑，智者哀焉；狂夫之乐，贤者丧焉。

选自：《商君书·更法第一》

【注释】

《商君书》也称《商子》，相传作者为商鞅

【大意】

从偏僻小巷走出来的人爱少见多怪，学识浅陋的人喜欢狡辩强求。愚昧的人所愉悦的事，正是聪明人所感到悲哀的事；狂妄的人所高兴的事，正是有才能的人所担忧的事。

【评说】

愚笨的人喜欢自以为是，
卑贱的人偏爱一意孤行，
浅薄的人时常锋芒毕露，
狭隘的人总是斤斤计较。
这一切，都是源于“太自我”。
到最后：自以为是的，迷失了自己；一意孤行的，头破血流；锋芒毕露的，黯然失色；斤斤计较的，亏得一塌糊涂。

案上不可多书，心中不可少书；鱼离水则身枯，心离书则神索。

选自：《格言联璧》

【大意】

书桌上不能有太多的书，心中则不能少了书；这就好像鱼离了水则干枯，心中没有书则无寄托。

【评说】

很多年来，我们被“博览群书”“学富五车”误导了。以至于只追求数量而忽视了质量。一部《论语》一万四千多字，却流传了两千多年，而我们有几人能理解半部？

学到很多东西的诀窍，就是每次都学习很少，却理解很多。

大量的重复出版加上无度的手机阅读，让人们急功近利、气躁心浮。若，手上有书，心中无书，那么，我们读书何用？

读完一本书，再读一本书；做完一件事，再做一件事。岂不更好？我当然更希望您的案头、床头、车内和包里，有一本可以滋润心灵的、能够怡养人生的经典之作哟！

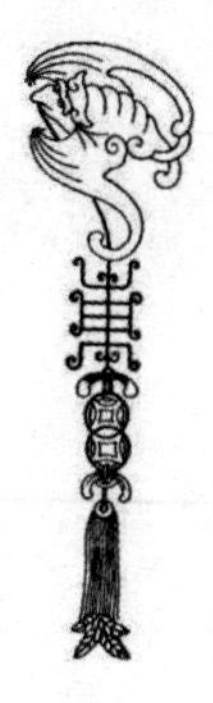

读经传则根柢厚，看史鉴则事理通，观云天则眼界宽，去嗜欲则胸怀净。

选自：《格言联璧》

【注释】

柢（dǐ）：树木的根，引申为基础。例如：根深柢固。

【大意】

阅读经典，就为治学打下坚实基础；读史籍，鉴古今，就会事理通达而不至迷惑；游山川，观壮景，就会志气凌云，眼界开阔；戒嗜好，弃私欲，就会使胸怀磊落，一尘不染。

【评说】

康熙皇帝教育子孙，二十岁之前决定不能学文学，为什么？文学里头有感情，容易走向邪思。所以他规定他的子孙，二十岁之前读经、读史。读诗词歌赋是在二十岁之后，二十岁之前在德行上扎根。

经典是德行、是学问，历史是见识、是眼界，要从这上扎根。再引导孩子有胸怀，有志向，然后管住自己，戒掉不良嗜好，这是中国传统的教育，这是成功的教育。好吧，从阅读经典开始吧，从戒掉手机开始吧！

孟子曰：君子所性，仁义礼智根于心。其生色也，睟（suì）然见于面，盎（àng）于背，施于四体，四体不言而喻。

选自：《孟子·尽心上》

【大意】

孟子说：君子的本性，仁义礼智植根在心中。它们产生的气色是纯正和润的，显现在脸上，充盈在体内，延伸到四肢。四肢不必等他的吩咐，便明白该怎样做了。

成语："睟面盎背"和"不言而喻"皆出于此。

【评说】

人要一股正气！

正气，是凝聚了正义和道德从人的自身中历练而出的，不是靠伪善或是挂上正义和道德的招牌获取的。一个人有了正气长存的精神力量后，面对外界一切巨大的诱惑和威胁就能处变不惊、镇定自若了。然后，将和气浮于表面，乐观、豁达、从容地看待世界。

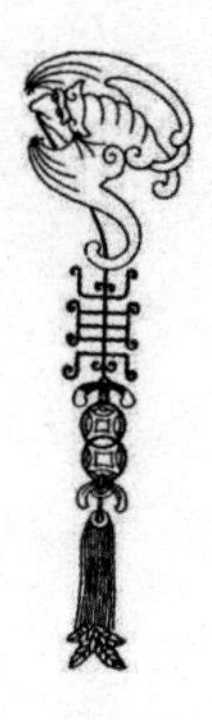

孝无终始，而患不及者，未之有也！

选自：《孝敬·庶人章第六》

【大意】

孝，无始无终，永恒存在。有人担心自己不能做到孝，那是没有的事情。

【评说】

现代社会，不孝有七：

1. 吝啬：购物、旅游、与朋友消费可以花很多钱，唯独在爹妈身上省；

2. 懒惰：减肥，从下顿开始；读书，从明天开始；健身，从下个月开始；今儿又吃多了！

3. 愤怒：对外人彬彬有礼，对父母大呼小叫。

4. 忌妒：总觉得父母没有给你最好的，时常与妻子、丈夫、儿女甚至外人抱怨。

5. 贪婪：生活放纵，情感泛滥。对于钱、权和名利用不道德的方式获取。

6. 缺乏耐心：与父母通电话，说：好了，好了，快撂吧！听父母忠告，说：别唠叨了，烦不烦呀！

7. 好勇斗狠：受到一点批评和挫折，就用跳楼和自杀的方式解决！

孟子曰：不孝有三，无后为大。舜不告而娶，为无后也，君子以为犹告也。

选自：《孟子·离娄上》

【大意】

不孝敬父母的表现有三种，以不遵守后代的责任为头等大事。舜，没有告知父母就结婚了，这就是无后。但，君子以为，这和告知了差不多（因为舜出家在外，事业为重，路途遥远，而且是尧要把女儿嫁给他）。

【评说】

常人理解的人“不孝有三，无后为大”，认为不生孩子，不传宗接代，就是大不孝了。显然，孟子的意思不是如此。这里的“无后”，并不是指没有后代，而是没有尽到后辈的责任的意思。

那么，什么是“大不孝”呢?

是顺，是无条件地顺从父母，对父母的过错“阿意曲从”，使父母陷入不仁不义之地。其次，就是父母年龄越来越大，做子女的还不愿意认真工作、回报社会，以供养父母，使父母安心。最后嘛，就是不成家立业，不养儿育女，让家里断绝了后代。

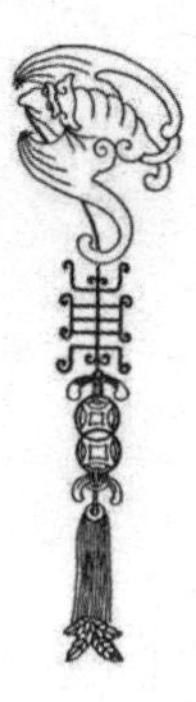

子曰：天地之性，人为贵。人之行，莫大于孝。

选自：《孝经·圣治章第九》

【大意】

孔子说：天地万物之中，以人类最为尊贵。人类的行为，没有比孝道更为重大的了。

【评说】

孝，是为人之本；敬，乃做人之根。没有了根本，何谈枝繁叶茂？

一个人，能成功于家庭之内，才可以由内到外，为国家、为单位、为社会、甚至为朋友做事。不孝敬父母的夫妻，其情感如同水中之花，镜中之月，看似美丽，实则残缺，不可长久哟！

爱国，就是放大了的孝心；敬业，也是放大了孝心；婚姻与爱情，同样是放大了孝心！

你的父母幸福吗？你的孝心还在吗？

曾子曰：敢问子从父之令，可谓孝乎？

子曰：是何言与，是何言与！父有争子，则身不陷于不义。故当不义，则子不可以不争于父。故当不义，则争之。从父之令，又焉得为孝乎！

选自：《孝经·谏诤章第十五》

【大意】

曾子对老师说：我想再冒昧地问您，做子女的一味遵从父母的命令，就是孝顺吗？

孔子说：这是甚么话呢？这是甚么话呢？！为父母的有敢于直言力争的子女，就不会使父母亲陷身于不义之中。因此在遇到不义之事时，如确实是父母所为，做子女的不可以不劝争力阻。所以，对于不义之事，一定要谏争劝阻。如果只是遵从父母的命令，又怎么称得上是孝顺呢？！

【评说】

孝顺一词，在我国被误读了几千年。假如，以顺为孝，那么，父母犯了错误，还执意去做，我们也顺从吗？

天下确有不是的父母。面对父母之错，我们应极富耐心、和颜悦色、智慧巧妙地行孝，如再能帮助父母改正和感化，这就是儿女的大孝了。

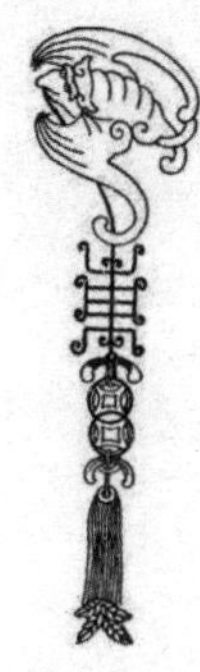

【和谐篇】

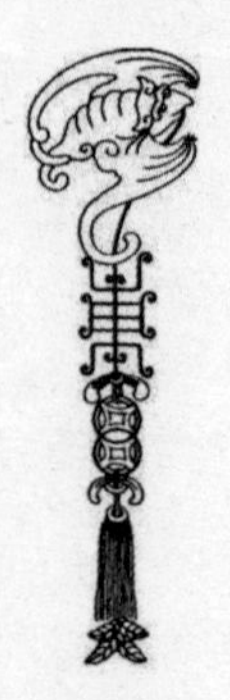

子曰：躬自厚而薄责于人，则远怨矣。

选自：《论语·卫灵公第十五》

【大意】

孔子说：多责备自己而少责备别人，那就可以避免别人的怨恨了。

【评说】

有两家邻居，一家幸福和谐，一家经常吵架。

吵架的家庭就到邻家取经。幸福之家的邻居说，我们家每个人都是坏人，所以不会吵架。来询问的人正不明所以，恰好邻居家一辆自行车丢了。丈夫说，没有关好大门，是我的错。妻子说，是我忘了上锁，是我的不对。儿子说，不愿你们，是我太贪玩，光顾打球了，没有注意咱家自行车。

来人恍然大悟。前几天妻子把菜做咸了，便批评妻子心不在焉，光顾玩微信了。妻子说，我做咸了倒是做了，你呢，连厨房都不进，还有资格说我！丈夫反驳，我从早忙到晚，进厨房要你干嘛用！妻子急了，难道我就是给你们家做饭的保姆不成？后来，俩人打起来了，菜倒了，锅也砸了。

家庭幸福有秘诀：常把自己当坏人哟！

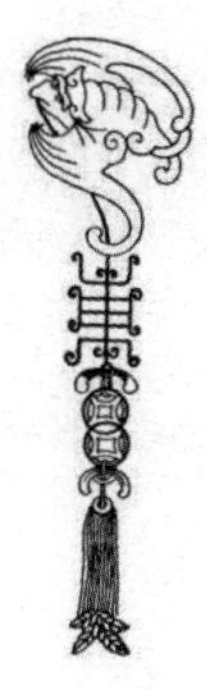

墨子曰：染于苍则苍，染于黄则黄，所入者变，其色亦变。

选自：《墨子·所染》

【大意】

（丝）染了青颜料就变成青色，染了黄颜料就变成黄色。染料不同，丝的颜色也就跟着变化。

【评说】

一个人所交的朋友都爱好仁义、诚实守信、淳朴谨慎且遵纪守法，那么他的事业就日益兴盛，身体就日益平安，名声就日益显赫，家人就日益健康，为人做官也就合于正道了。

假若，这个人所交的朋友不安分守己，还谄媚逢迎、好勇斗狠、结党营私，那么他的事业就日益衰落，身体就日益危险，名声日益毁坏，家人就日益虚弱，为人做官也就不得其道了。

看看那些退步的，失利的，落败的，腐化的人，哪个没有一群自以为得意的朋友！

齐景公问政于孔子。

孔子对曰：君君，臣臣，父父，子子。

公曰：善哉！信如君不君，臣不臣，父不父，子不子，虽有粟，吾得而食诸？

选自《论语·颜渊》

【大意】

齐景公问孔子如何治理国家。

孔子说：做君主的要像君主的样子，做臣子的要像臣子的样子，做父亲的要像父亲的样子，做儿子的要像儿子的样子。

齐景公感叹：先生讲得好呀！如果君不像君，臣不像臣，父不像父，子不像子，虽然有粮食，我能吃得上吗？

【评说】

甄宇，是东汉光武帝建武年间被封的博士。按当时例，每年腊月祭祀后，皇帝要赏赐给博士每人一头羊。羊有大小、肥瘦，博士们常常为分羊之事感到为难，无从下手。每年的分羊问题，总会搞得很不团结，引出阵阵纠纷。

一次，甄宇问大家：哪头羊最瘦？

大家将眼光投向那一头没人要的瘦羊。甄宇二话不说，牵了瘦羊就走。后来，每年的分羊问题再也无人争论而互相谦让。

此事传到光武帝耳中，有一次上朝后颁旨：那个“瘦羊博士”散朝后留一下，朕有事与您相商。

皇上与“瘦羊博士”商量什么呢？您懂的。

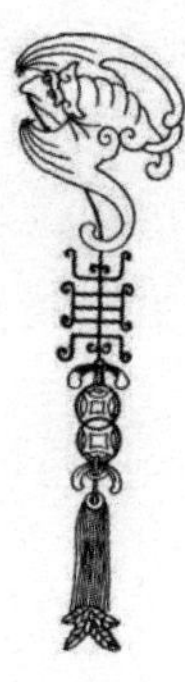

老吾老以及人之老，幼吾幼以及人之幼。

选自：《孟子·梁惠王上》

【大意】

在赡养、孝敬自己的长辈时，不应忘记其他的老人；在抚养、教育自己的小孩时，也应该关爱其他人家的小孩。

【评说】

南宋理宗开庆年间，禁止私家酿酒。铅（yán）山（江西上饶县）主官胡霆桂接到一个妇人控告婆婆私自酿酒的案子。

胡霆桂责问她：你侍奉婆婆孝顺吗？

她说：孝顺。

胡霆桂说：既然孝顺，就代替你婆婆受罚吧。

然后按照私酿的法令来责打她。此事传开之后，官府的政令变得遂行无阻，铅山县因而大治。

做公婆的没有不喜欢自己女儿的，可是对儿媳妇却往往存有偏心。劝天下做公婆的，拿出爱自己女儿的心去爱儿媳妇。做儿媳的没有不疼爱自己父母的，但对于公婆就有可能存一些戒心。劝天下儿媳，以心疼自己父母之心来疼爱公婆。

行之以躬，不言而信。

选自：欧阳修《连处士墓表》

【大意】

作为领导干部，凡事带头去做，不用多表达，但也能取信于人。这就是用自身的行为做出榜样的证明。若只是夸夸其谈，指手划脚，却并不付诸实践，说得再动听人们也不会相信。

【评说】

汉明帝刘庄做太子时，博士桓荣是他的老师，后来他继位做了皇帝，依然以尊敬老师之礼敬奉桓荣。

汉明帝曾亲自到太常府去，让桓荣坐东面，设置敬老所用的坐几和手杖，像当年讲学一样，聆听老师的指教。他还将朝中百官和桓荣教过的学生数百人召到太常府，向桓荣行弟子礼。

桓荣生病，明帝就派人专程慰问，甚至亲自登门看望，每次探望老师，明帝都是一进街口便下车步行前往，以表尊敬。进门后，往往拉着老师枯瘦的手，默默垂泪，良久乃去。

当朝皇帝对桓荣如此，从此后，诸侯、将军、大夫来探病的，不敢再乘车到门口，在床前都下拜。桓荣去世时，明帝还换了衣服，亲自临丧送葬，并将其子女作了妥善安排。

自此，朝野上下皆尊师重教，一片和谐！

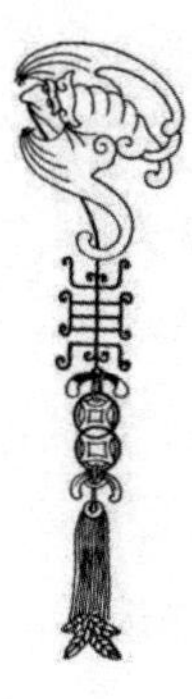

墨子曰：天下兼相爱则治，交相恶则乱。

选自：《墨子·兼爱》

【大意】

墨子说：天下人相亲相爱就会太平安宁、繁荣昌盛，相互仇恨就会处处混乱、破烂不堪。

【评说】

有一种人，以爱的名义对自己亲近的人进行控制，让其按照自己的意愿去做。比如夫妻、恋人、家长与孩子。我们常听到这样的话：我为了爱你，放弃了什么什么；我为了这个家，才会怎么怎么样，自从生了你以后，我工作也落后了，人也变老变丑了，所以你必须要如何如何……

夫妻离婚、儿女不孝、朋友反目、君臣不和、甚至恐怖袭击，都是源于自私，只爱自己，不爱对方。小偷，只爱自己的家，不爱别人的家，所以偷取别人的家以利自己的家；强盗只爱自身，不爱别人，所以残害别人以利自身。这是为什么呢？都是起于不相爱。

真想幸福，就不要用爱来掠夺！

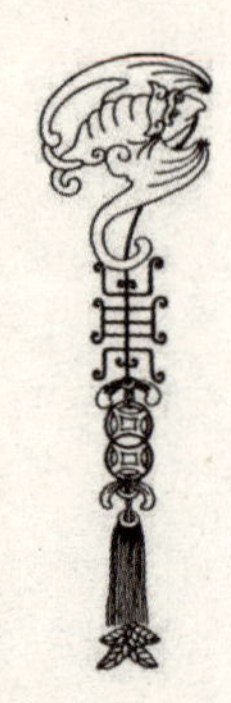

言无有善恶也，苟有得乎吾心而言也，则其辞不索而获。

选自：苏洵《嘉祐集·太玄论》

【大意】

语言没有绝对的善恶，如果不夹杂情绪，映照内心的初衷和美好，则不用要求对方，不必装饰自己，双方也就都如沐春风了。

【评说】

朋友喜欢喝酒，经常很晚回家。期间受到妻子责备、呵斥与冷落。前几日说，以后晚上尽量不出来了。

问他何以改变。

他说那天酒醉回家，正想着如何与妻子应战，没成想却见到一张和悦的脸。眼前的妻子如同换了个人一般，温柔地说，我知道你忙，应酬多，但这样喝酒太伤身体。每天晚上孩子都想你，问，我爸怎么还不回来呀？这不，刚才在梦里还喊爸爸呢。今天下午在超市，孩子看着别的小孩跟爸爸一起有说有笑，回家后沉默很长时间……

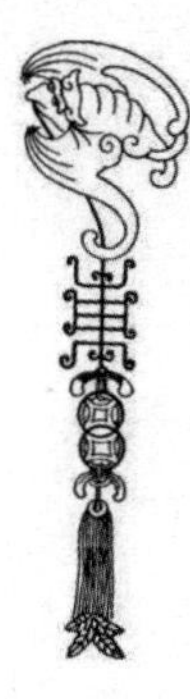

有子曰：礼之用，和为贵。先王之道，斯为美。小大由之，有所不行。知和而和，不以礼节之，亦不可行也。

选自：《论语·学而第一》

【大意】

孔子的学生有若说：礼的应用，以和谐为贵。古代君主的治国方法，宝贵的地方就在这里。但不论大事小事只顾按和谐的办法去做，有的时候就行不通。这是因为，为了和谐而和谐，不以礼法来节制和谐，也是行不通的。

【评说】

所谓礼，是外在的形式，而内在的仁才是真正的人性核心和文化的根本。所以，礼要遵循四个原则：

1. 尊敬人的原则，即虚心、少言、聆听；

2. 自律的原则，就是在交往过程中要克己、慎重、表里如一，自我约束，不能妄自尊大，夸夸其谈和口是心非；

3. 适度的原则，适度得体，掌握分寸，尽量给他人留余地；

4. 真诚的原则，说真话，做实事，不逢场作戏、表里不一。

桃之夭夭，其叶蓁（zhēn）蓁。之子于归，宜其家人。

选自：《诗经·国风·周南》

【大意】

桃花怒放千万朵，绿叶茂盛永不落。这位姑娘要出嫁，齐心协手家和睦。

【评说】

家庭是社会的最小细胞。让全家人都和睦，然后才能够让一国的人都和睦。我们还是要自扫门前雪的。因为都自扫，整条街道也就没雪了。关键是，很多人门前雪没心思扫，总去扫别人家的雪。所以，街道上总是有雪，电视里好人很多，街道依然很脏。

所谓平天下在治其国者，上老老而民兴孝；上长长而民兴弟；上恤孤而民不倍。是以君子有絜（xié） 矩之道也。

选自：《大学》

【注释】

1、絜矩之道，是以推己度人为标尺的人际关系处理法则，指内心公平中正，做事中庸合德。

2、絜，度量；矩，画直角或方形用的尺子，引申为法度、规则。絜矩：儒家以“絜矩”来象征道德上的规范。

【大意】

之所以说平定天下要治理好自己的国家，是因为，在上位的人尊敬老人，老百姓就会孝敬自己的父母；在上位的人尊重长辈，老百姓就会尊重自己的兄长；在上位的人体恤救济孤儿，老百姓也会同样跟着去做。所以，品德高尚的人总是实行以身作则，推己及人的“絜矩之道”。

【评说】

古希腊也有很多“絜矩之道”的经典语句。例如：“你不希望发生在自己身上的事，请你不要做。”“你所要避免的苦难，不要强加给别人。”《圣经》也说：“你们愿意人怎样待你们，你们也要怎样待人。”回到中国，孔子只说了 8 个字：“己所不欲，勿施于人。”

所恶于上，毋以使下；所恶于下，毋以事上；所恶于前，毋以先后；所恶于后，毋以从前；所恶于右，毋以交于左；所恶于左，毋以交于右。

选自：《大学》

【大意】

如果厌恶上司对你的某种行为，就不要用这种行为去对待你的下属；如果厌恶下属对你的某种行为，就不要用这种行为去对待你的上司；如果厌恶在你前面的人对你的某种行为，就不要用这种行为去对待在你后面的人；如果厌恶在你后面的人对你的某种行为，就不要用这种行为去对待在你前面的人；如果厌恶在你右边的人对你的某种行为，就不要用这种行为去对待在你左边的人；如果厌恶在你左边的人对你的某种行为，就不要用这种行为去对待在你右边的人。

【评说】

生活幸福3法则：

1、己所不欲，勿施于人。

2、以责人之心责已，用恕已之心恕人。

3、在背后用力说别人好话，别担心传不到他的耳朵里。

子贡曰：我不欲人之加诸我也，吾亦欲无加诸人。子曰：赐也，非尔所及也。

选自：《论语·公冶长第五》

【大意】

子贡说：我不愿别人把意愿强加于我，我也不愿强加于别人。孔子说：子贡呀，你有些幼稚呀，这事你根本做不到！

【评说】

生活里，我们总觉得自己做得不错，别人也应该做得不错；自己很对得起别人，别人似乎也该报恩了。实际，这是我们痛苦的根源。你所做的，完全都是为自己，根本就不是为别人！

很多人把自己的情感、心愿当做投资，如果对方没有按照你的意图回报或者执行，就生气，就委屈，就不平衡！

“我不要别人强加给我，我也不要强加给别人”，就像是说：“我不骗你，你也别骗我；我不打你，你也别打我；我不要求你，你也别要求我”一样哟！

墨子曰：夫爱人者，人亦从而爱之；利人者，人亦从而利之；恶人者，人亦从而恶之；害人者，人亦从而害之。

选自：《墨子·兼爱》

【大意】

爱别人的人，别人也随即爱他；有利于别人的人，别人也随即有利于他；憎恶别人的人，别人也随即憎恶他；损害别人的人，别人也随即损害他。

【评说】

一个人的成长要学会爱的三个层次：

1. 爱自己。即爱护自己的身体，珍惜自己的名誉，培养自己的习惯，管理自己的好恶。

2. 爱他人。即成人之美，成全别人的好事，帮助别人实现愿望。但，帮助人了，别贪图回报，受人家恩惠了，要记得感恩。

3. 爱彼此。就是要懂得融合：异中求同，同中存异，同则相亲，异则相敬。

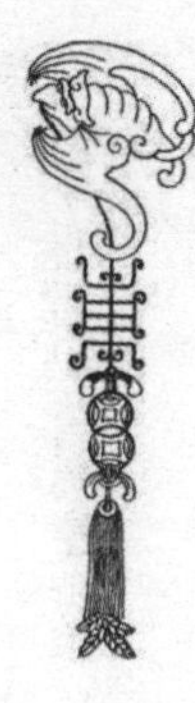

子曰：父母之年不可不知也，一则以喜，一则以惧。

选自：《论语·里仁第四》

【大意】

孔子说：父母的年纪是不可以不知道的，一来对他们的寿命感到喜悦，一来又时刻为他们衰老而担忧。

【评说】

有些人嘴上有父母，心里没父母，总借口说多么忙，压力如何大，应酬怎样多。孝，如同流水一般，这一代水流小了，下一代就要干涸。

不要等父母老了才孝敬，不要等到父母不在了而后悔。树欲静而风不止，子欲养而亲不待，是人生无奈的悲哀！没有非去不可的应酬，只有瞬间老去的爹娘。

孟子曰：道在迩而求诸远，事在易而求诸难。人人亲其亲，长其长，而天下平。

选自：《孟子·离娄上》

【大意】

孟子说：大道就在近处（很多人）却到远处寻找，事情本来很容易却总往难处做。只要各人亲爱自己的双亲，尊敬自己的长辈，就天下太平、一片和谐了。

【评说】

那天与父亲去超市。走在前面的年轻女士推开沉重的大门，一直等到他进去后才松手。父亲向她道谢。女士说，我爸爸和您的年纪差不多，我只是希望他在这种时候，也有人为他开门。

一举手，一抬足，一句话，一个眼神，都可以助人。 你不助人，人不助你。你若助人，人人助你！

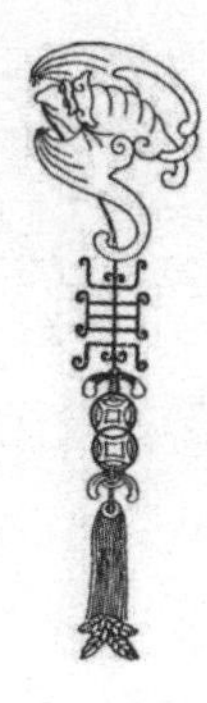

孟子曰：不得乎亲，不可以为人；不顺乎亲，不可以为子。

选自：《孟子·离娄上》

【大意】

孟子说：儿女与父母的关系相处得不好，不是一个合格的人；不能使父母高兴，便不是合格的儿女。

【评说】

父亲是农民，年轻时干过业务员。为一家乡镇企业推销鞋。至今记忆犹新，那家企业叫斯娜鞋厂，英文简写是sina。或许，若提前注册商标，就没有新浪的今天了。

那时的推销员不像现在，有压力，有任务，还招人呵斥。应该是神气，应该是风光。到哪家商场都被敬若上宾，还时常有商家为多进一些货给父亲小恩小惠。父亲便拿回家与老婆孩子共享。

每逢发工资，这几个所谓见过世面的推销员都要每人凑几块钱喝顿酒。但父亲从来都不。他说几块钱？我能买几斤肉回家与孩子们炖着吃。忘了那时的肉是几毛钱一斤来着。

父亲终将老，老去不再回。岁月，依然那么匆匆……

知止而后有定，定而后能静，静而后能安，安而后能虑，虑而后能得。

选自：《大学》

【大意】

能够对目标、归宿和自己的原则立场有明确了解的人，意志才有定力；意志有了定力，才可站稳立场；坚定不移，心才能静下来，不会妄动；能做到心不妄动，就可以安心于当下，不去怨天尤人，从而随遇而安；能够随遇而安，可以识别是非，认清荣辱，思虑周详；思虑周详的人，才可以实现理想，不忘初心，达到至善至美的境界。

【评说】

天色渐晚，一个卖橘子的想赶在城门关上之前走到前面的一座城。小贩问一位路人，他要什么时候才能抵达城门。路人回答说，如果你慢慢走，关门之前能到达。如果你走得很快，就到不了了。

小贩感到很奇怪，没有领会路人的话，开始快速赶路，却又走得太急，打翻了橘子，不得不停下来捡拾满地的橘子，最终没能在关城门前到达。究其原因，是因为小贩一心只想着赶路与到达，没有平和的心态，以至于最终自乱阵脚，打翻了货物。

当我们急切地想让自己成功，急切地想让孩子成长，急切地想把车子开到目的地，大多会失败，而且败得很惨！

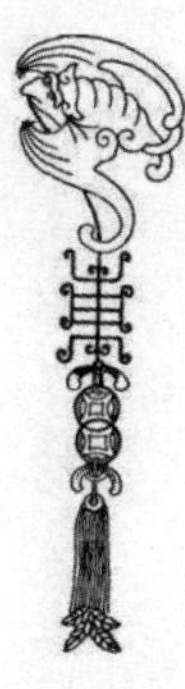

孟子曰：事，孰为大？事亲为大。守，孰为大？守身为大。不失其身而能事其亲者，吾闻之矣；失其身而能事其亲者，吾未之闻也。

选自：《孟子·离娄上》

【大意】

孟子说：生活里侍奉谁最重要？侍奉父母最重要。守护谁最重要？守护自身的身体和善良最重要。让自己身体健全、健康，不丧失善良而能侍奉好父母的，我听说过；失去生命和健康，还丧失自身善良而能侍奉好父母的，我从来没听说过。

【评说】

女儿犯脾气，一天没吃饭。晚上打电话给她，想吃什么，爸爸给买点？女儿依然倔强说，不吃，就不吃！我说好吧，你只需回答我一个问题，吃与不吃都可以。女儿说你问吧。我问她，《孝经》里有这样的句子：身体发肤，下面怎么说来着？她回答：受之父母，不敢毁伤。我笑了，继续问，想吃什么呢，爸爸给买点？她也笑了，说看着买吧，什么都行！

让“孝”在家庭里穿行，还会有那么多怄气别扭、剑拔弩张、离家出走、甚至跳楼轻生吗？

狗不以善吠为良，人不以善言为贤 。

选自：《庄子·杂篇·徐无鬼》

【大意】

狗，不因为它善叫就认为是好狗；人，不因为他能说会道就是贤德之人。

【评说】

法国剧作家莫里哀在他的作品《吝啬鬼》里，借一个名叫法赖尔的角色之口，描述了一种“奉承哲学”。

他说，“要人宠信，根据我的体会，最好的方法就是在他的面前，投合他们的爱好，称道他们的处世格言，恭维他们的缺点，赞美他们的行事。你用不着害怕殷勤过分，尽管一望而知，你是在戏弄他们，可是他们一听奉承话，就连最精明的人也甘心上当。”

把话说好，说对，但不是花言巧语和阳奉阴违。虚伪和谄媚是一张通行证，走入了弱者领地，却放弃了自己的光明。身为领导应知：越是谄媚的下属，背叛你的时候越是决绝。

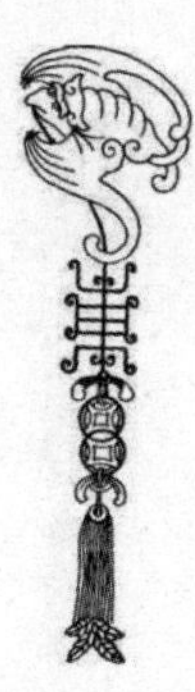

君子之中庸也，君子而时中。小人之反中庸也，小人而无忌惮也。

选自《中庸》

【大意】

君于之所以中庸，是因为君子随时做到适中，无过无不及；小人之所以违背中庸，是因为小人肆无忌惮，专走极端。

【评说】

明代嘉庆年间，武将李乐做官清正廉洁。有一次他发现科考舞弊，立即写奏章给皇帝，皇帝对此事却不予理睬。他又面奏，结果把皇帝惹火了，皇帝以故意揭短罪，传旨把李乐的嘴巴贴上封条，并规定谁也不准去揭。

这就是传说中的嘴给身子惹祸。封了嘴巴，不能进食，就等于给他定了死罪。

此时，旁边站出一个官员，走到李乐面前，不分青红皂白，大声责骂：君前多言，罪有应得！

一边大骂，一边啪啪地打了李乐两记耳光，当即把封条打破了。

由于这个人是帮助皇帝责骂李乐，皇帝当然不好怪罪他。其实此人是李乐的学生，在这关键时刻，他换个角色，“曲”意逢迎，巧妙地救下了自己的老师。如果他不顾情势和身份犯颜“直”谏，非但救不了老师，恐怕自己也被连累。可见身份要变得妙，不守不行，死守也不行。

老子曰：美言可以市尊，美行可以加人。

选自《道德经·第六十二章》

【大意】

老子说：美好、真诚的言辞可以换来别人对你的尊重，良好诚实的行为可以受人敬重，从而影响他人。

【评说】

孔子的学生颜回，不但好学上进，以一知十，而且不迁怒，不贰过，但颜回还有会讲话的优秀品质。孔子与学生周游列国时期，走到河南省长垣县，被人困住追杀，险些丧了性命。待孔子逃出来后，见到颜回动情地说，我以为你死了呢！

颜回则恭敬地说，老师您还在，我怎么敢死呢？

美国前总统罗斯福也有其独特的说话智慧。有一次家里被窃，朋友写信安慰他。罗斯福回信说，谢谢你的来信，我现在心中很平静。因为：第一，窃贼只偷走了我的财物，并没有伤害我的生命；第二，窃贼只偷走一部分东西，而非全部；第三，最值得庆幸的是：做贼的是他，而不是我。”

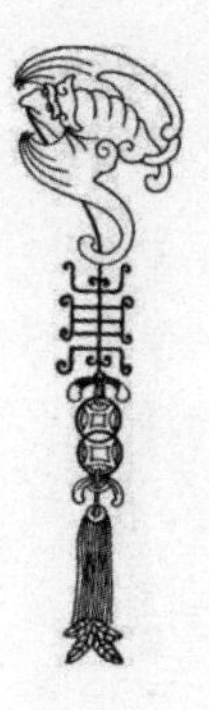

庄子曰：相与于无相与，相为于无相为。

选自：《庄子·大宗师》

【大意】

庄子说：有一种朋友的境界是，相互交往于无心交往之中，相互有所帮助却像没有帮助一样。这就是所说的“莫逆之交”。

【评说】

经常有人在朋友圈请求投票。于是便出现张张截图，意为：老板，我投完了，截图为证。

言外之意，人心换人心，八两换半斤，你托付我的事儿办了，记住哟，是我给你办的，下次我找你办事可要懂得回报呀！

晒什么，就是缺少什么。朋友圈是个极容易打碎的物件儿，手机一没电，朋友就没了，所以好多人带着充电宝，大概这也是珍惜友情的表现。

朋友圈的信任，是个冰激凌，看着美好，一会儿就化，不过是个蛋托顶着甜言蜜语的奶油罢了。

其所厚者薄，而其所薄者厚，未之有也。

选自：《大学》

【大意】

本应重视的却轻视，应该轻视的却被重视，这样是从来不会有好结果的。

【评说】

禅师问弟子：你整天在这里坐禅，图个什么？

弟子说：我想成佛。

禅师拿起一块砖，在附近的石头上磨了起来。

弟子被这种噪音吵得不能入静，就问：师父，您磨砖做什么呀？

禅师说：我把砖磨作镜子用啊。

弟子问：磨砖怎么能作镜子呢？

禅师说：既然磨砖不能作镜子，那么坐禅又怎么能成佛呢？

弟子迷惑，请求师傅开示。

禅师说：这道理就好比有人驾车，如果车子不走了，你是打车呢？还是打牛呢？

弟子沉默，没有回答。

禅师又说：你是学坐禅，还是学坐佛？如果学坐禅，禅并不在于坐卧。如果是学坐佛，佛并没有一定的形状。对于变化不定的事物不应该有所取舍，你如果学坐佛，就是扼杀了佛，如果你执着于坐相，就是背道而行。

弟子听了禅师的教诲，如醍醐灌顶，通身舒畅。

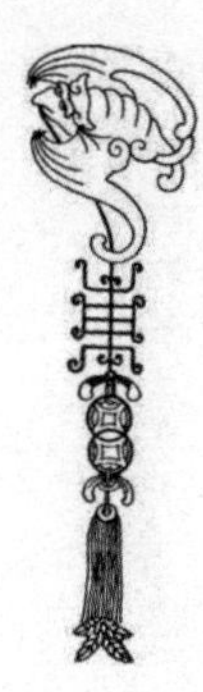

《诗》曰："妻子好合，如鼓瑟琴。兄弟既翕，和乐且耽。宜尔室家，乐尔妻帑。"子曰："父母其顺矣乎。"

选自：《中庸》

【注解】

翕（xī）：聚合。
帑（nú）：通"孥"，儿女。

【大意】

《诗经·小雅》说："妻子儿女感情和睦，就像弹琴鼓瑟一样。兄弟关系融洽，和顺又快乐。使你的家庭美满，使你的妻儿幸福。"孔子赞叹说："这样，父母也就称心如意了啊！"

【评说】

我们似乎很欣慰于这样的画面：一个五口之家，有一所矮小的茅草房屋、紧靠着房屋有一条流水淙淙、清澈照人的小溪。溪边长满了碧绿的青草。一对满头白发的老夫妇，亲热地坐在一起，一边喝酒品茶一边聊天悠闲自得。含有醉意的吴地方言，听起来温柔又美好。大儿子在溪东边的豆田锄草，二儿子正忙于编织鸡笼。最令人喜爱的是小儿子，他正横卧在溪头草丛，剥着刚摘下的莲蓬……

这世间还有什么幸福比得上家的温暖？

让我们重温辛弃疾的词作：

清平乐·村居

茅檐低小，溪上青青草。
醉里吴音相媚好，白发谁家翁媪？
大儿锄豆溪东，中儿正织鸡笼。
最喜小儿亡赖，溪头卧剥莲蓬。

孝子之有深爱者，必有和气。有和气者，必有愉色。有愉色者，必有婉容。

选自：《礼记·祭义篇》

【大意】

凡是深爱父母的儿女，必定具有温和的气质。有温和的气质，则表现于脸上愉悦的表情。既然表情愉悦，则整个人的态度必定委婉柔顺。

【评说】

孝敬父母的最终目的是为了让父母舒服。若只是父母舒服，儿女不舒服，从本质上说不算真孝。因为父母知道儿女身体和心灵受屈同样不舒服。

如何皆大欢喜呢?

一、要是觉得为父母服务委屈和难受，可能儿女有问题，也可能父母有问题。父母的问题我们可能一时半会不能改变，所以先让自己没问题。怎么样让自己没问题呢？就是把委屈看成理所当然。

二、把委屈看成理所当然，还是有问题。世间有多少人可以委曲求全一生呢？即便委曲求全一生，到了年老也会用同样的方法对待自己的孩子。这就叫多年的媳妇熬成婆。

到底咋办呢?

互相理解。父母与儿女都要互相理解。是什么让彼此之间不舒服呢？把它找出来，和颜悦色，共同面对。

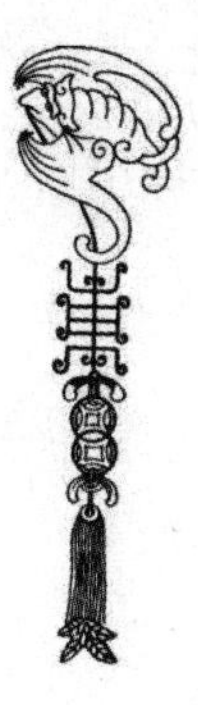

孝有三：大尊尊亲，其次弗辱，其下能养。

选自：《礼记》

【大意】

孝敬父母最重要的是尊敬关爱，理解他们的需求，照顾他们的心志；其次是作为儿女的不要在道德和法律方面有所违背，给父母蒙羞；最下一等的孝是供给父母所需衣食。

【评说】

有这样一个儿子，是个大款，母亲老了，牙齿全坏掉了。他开车带着母亲去镶牙。一进牙科诊所，医生开始推销他们的假牙，可母亲却要了最便宜的那种。医生不甘就此罢休，他一边看着大款儿子，一边耐心地给他们比较好牙与差牙的本质不同。可是令医生非常失望的是，这个看似大款的儿子却无动于衷，只顾着自己打电话抽雪茄，根本就不理会他。医生拗不过母亲，同意了她的要求 。这时，母亲颤颤悠悠地从口袋里掏出一个布包，一层一层打开，拿出钱交了押金，一周后再准备来镶牙。

两人走后，诊所里的人就开始大骂这个大款儿子，说他衣冠楚楚，吸的是上等的雪茄，可却不舍得花钱给母亲镶一副好牙。正当他们义愤填膺时，不想大款儿子又回来了，他说，医生，麻烦您给我母亲镶最好的烤瓷牙，费用我来出，多少钱都无所谓。不过您千万不要告诉她实情，我母亲是个非常节俭的人，我不想让她不高兴。

子曰：父母惟其疾之忧。

选自：《论语·为政第二》

【大意】

孔子说：父母最担心的是儿女的身体和疾病。

【评说】

曾子犯错，被父亲责打。为体现孝顺，不躲不闪。父亲大怒，举起大棍将其打晕过去。醒来后曾子跑到孔子面前邀功，说自己孝顺至极。

孔子一听气不打一处来，先给个差评，然后质问：若父亲因一时暴怒，出手过重将你打死咋办？

曾子说打死就打死，又不是被别人打死。

孔子呵斥：糊涂！你的命没了，父亲也会吃官司，母亲怎么办？

曾子如梦方醒，惊得一头冷汗。问老师：弟子该如何是好？

孔子说：跑呀！你爹若再打你，拿大棍子就跑，小棍子就受。

孝敬父母要智慧哟！

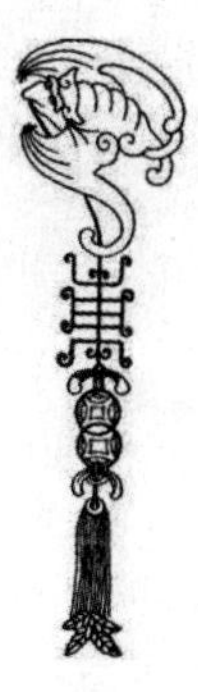

知不足，然后能自反也；知困，然后能自强也。

选自：《学记》

【大意】

认识到了自己知识的不足，然后才能反过来要求自己；知道了自己对有些知识还理解不通，然后才能自己努力。

【评说】

追求完美，是最不完美的事。因为世间没有完美。

有人问，难道不去进步，不去完美吗？

当然不是，我们要做到的是：只问耕耘，不问收获，若不完美，当做完美。

做事，没有遗憾，当是最大遗憾。谁能没有遗憾？日子，没有缺陷，本身就是缺陷。哪个没有缺陷？

我愿意向失败者献上一束鲜花，因为他们曾经奋斗过。

走不出自我，常被人、事、情、景、物所左右。只把“不到长城非好汉”当做目标，实际，到了长城你也未必是好汉。滴水为什么能穿石？是因为滴水从没想过穿石，穿着穿着，就穿了。

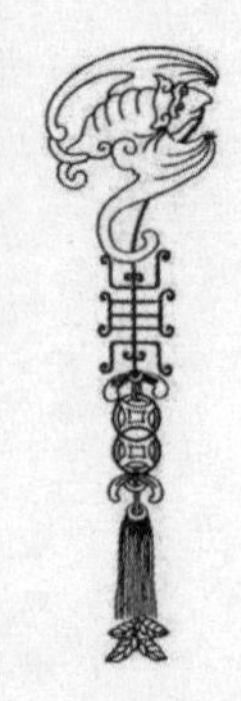

礼，经国家，定社稷，序民人，利后嗣。

选自：《左传》

【大意】

礼，使国家变得长久，使社稷变得安定，使人民变得有序，使后代得到好处。

【评说】

刘备得到马超后很高兴，并立刻任命他为平西将军，封都亭侯。马超见刘备对待自己如此优厚，便不免有些傲慢，甚至疏忽了对主上的礼节，和刘备讲话时，常常直呼刘备的名字。关羽非常生气，请求杀掉马超，刘备不肯。张飞说，像这种情形，应当用礼节来引导警示他。

第二天，刘备会见诸将，关羽、张飞手执兵器侍立刘备两边。马超一到，径直入座，但却没看到关羽和张飞的座位，只见二将侍立一旁，不由大吃一惊，极为惶恐。从此以后，马超才恭敬地侍奉刘备。

历史上张飞的原型，可是个文武双全之士哟！

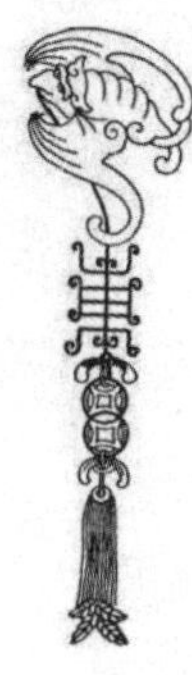

老子曰：见素抱朴，少思寡欲，绝学无忧。

选自：《道德经·第十九章》

【大意】

老子说：（一个社会的进步，就要使人们的思想认识有所归属）保持纯洁朴实的本性，杜绝投机取巧的心态，减少私欲杂念，抛弃繁文缛节和虚浮的过场，才能免于忧患与灾难。

【评说】

看过《聊斋》的人都知道，男人与女鬼日夜缠绵，精血于欢乐中被鬼吸食了。但却不能自拔，疯狂其中。这，就是贪婪！

贪腐，来自于贪婪！

想活得好一些，就要拒绝，就要放下，就要走出迷失，就要清静无为。无为，并非无所作为。而是以安闲之心做忙碌之事，以简单之心做复杂之事，以优雅之心做无奈之事。

不然，就会翻车。翻了车，就有人翻脸。翻了脸，就不好再翻身！

山木自寇也，膏火自煎也。桂可食，故伐之；漆可用，故割之。人皆知有用之用，而莫知无用之用也。

选自：《庄子·人间世》

【大意】

山上的树木皆因其自身的用处而招致砍伐，油脂因其可燃而被烧掉。桂树因其皮可用于食用，而遭到砍伐；树漆因为可以派上用场，所以遭受刀斧割裂。人们都知道有用的用处，却不懂得无用的更大用处。

【评说】

遇多年未见老友。相见甚欢。

朋友资产数亿，社会举足轻重头衔身兼数家。问我近些年做了什么。

细思量，十几年来，只想耕耘，没问收获，在晴耕雨读的日子里，出了一些书，讲了一些课，近几年全心全意为“仁民”服务——研究国学、承袭家风。

朋友好像听不懂。说你放着生意不做，咋净扯些没用的？

我说现在没用的恰是以后有用的，当下有用的，可能是以后没用的。

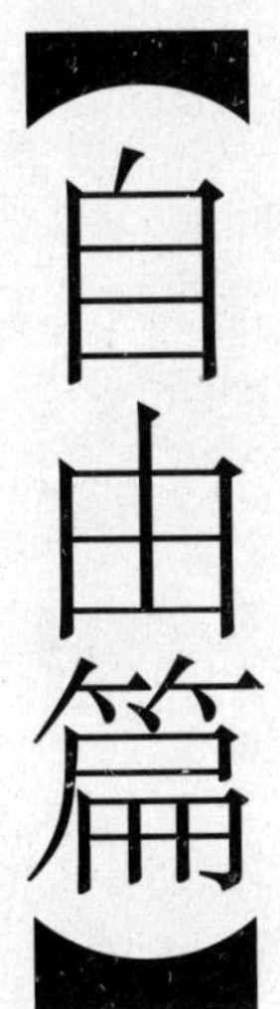
【自由篇】

庄子曰：物物而不物于物，则胡可得而累邪！

选自：《庄子·外篇·山木》

【注释】

胡：这里的胡，是文言疑问代词，为什么、怎样的意思。

【大意】

驾驭外物的物欲，而不为外物的物欲所驱使，那么怎么可能会受到牵累呢！

【评说】

法律的监狱拘禁人的身体，物欲的监狱禁锢人的心灵。凡是放不下、舍不得、离不开、撇不掉、忘不了的人、事、情、物，都在占位心灵。心灵本不大，无论金玉满堂还是垃圾一堆，都会令人疲倦不堪。极有可能就是我们自己一手打造的监狱。

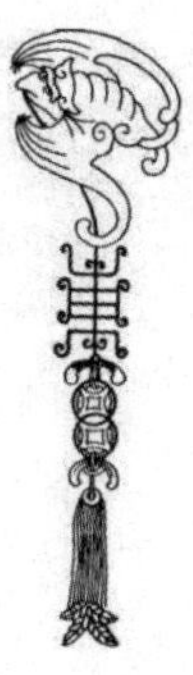

置本不安者，无务丰末；近者不亲，无务求远；亲戚不附，无务外交；事无终始，无务多业；举物而暗，无务博闻。

选自：《墨子·修身篇》

【大意】

根基不牢、心虚浮躁的人，就没必要讲究枝叶的繁盛、秋收的喜悦；身边的人不能亲近，就没必要求贤如渴、引进人才；亲戚不能使之亲近，就没必要呼朋引伴、道弟称兄；做一件事情有始无终，就没必要信誓旦旦，从事多种事业；一件事，一个问题还没弄明白，就没必要追求博学多才、见多识广了。

【评说】

我们总容易犯这样的毛病：
脚下有坦途，偏要到远方去坎坷；
心中不安静，总想干一番大事业；
根基尚不稳，却渴望参天大树的辉煌；
爱人在身边，经常盼望天边的玫瑰园！
如何是好呢？
岁月静美，且安当下！

且夫水之积也不厚，则其负大舟也无力。……风之积也不厚，则其负大翼也无力。

选自：《庄子·内篇·逍遥游》

【大意】

一艘大船好像无拘无束，但它受到水的限制，没有足够积厚的水域则不能航行；……而大鹏水击三千里，抟扶摇而上九万里，看似伟大自由，实凭借风之力，没有风的相助，自然也不能飞腾。

【评说】

这世间根本没有绝对的自由，像船离不开水、大鹏鸟离不开风、孩子离不开家庭、参天大树离不开土地、一个公民离不开祖国一样。没有基础，没有平台，没有组织，没有法律，没有国家，我们什么都不是！

任何一种强大，都是协作的力量。忘记了感恩的人，就如同行尸走肉、孤魂野鬼。

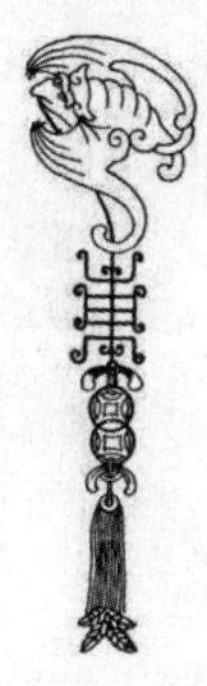

子曰：己欲立而立人，己欲达而达人。能近取譬，可谓仁之方也已。

选自：《论语·雍也》

【大意】

孔子说：要想自己站得住，也要帮助人家一同站得住；要想自己过得好，也要帮助人家一同过得好。凡事能就近以自己作比，而推己及人，可以说就是实行仁的方法了。

【评说】

帮助别人，是为了让自己更自由。乐于助人，心里会越来越坦荡。自由＋坦荡＝幸福。自私的，狭隘的，阴暗的人都不是自由。走不出去的心灵，都是监狱。最简单的幸福法则是：你能帮助多少人，就有多少人帮助你；你能成就多少人，就有多少人能成就你。

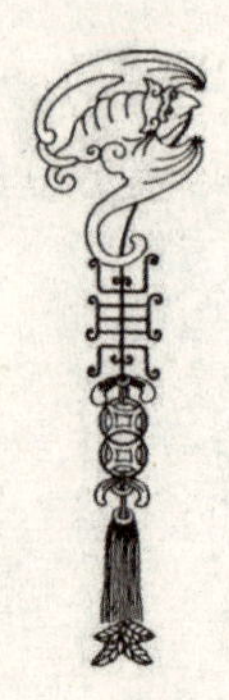

大德，必得其位，必得其禄，必得其名，必得其寿。

选自：《中庸》

【大意】

拥有大德的人必定得到他理想的地位，必定得到他理想的财富，必定得到他理想的名声，必定得到他理想的长寿。

【评说】

儒家讲仁德。就是以孝、悌、忠、信、礼、义、廉、耻为本，若有所违背，就叫缺德了。

道家讲玄德。号召人向天地学习，对于事业、人生、家国以及自己的子女，奉献而不邀功求奖，生养而不据为己有，抚育而不自恃有功，导引而不主宰控制。

佛家讲功德。告知人行善如春天的草木，虽然看不见其生长，但日有所增，切莫记挂于心。警醒人作恶如磨刀之石，即便看不见当时受损，但日有所亏，千万要检点自律。作恶之可怕，不在被人发现，而在于自己知道；行善之可嘉，不在别人夸赞，而在于自己安详。

德虽无人看见，善恶自有天知，福祸总在人心！

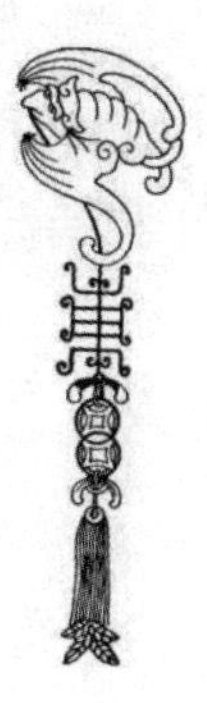

蜩（tiáo）与学鸠（jiū）笑之曰：我决起而飞，抢榆枋而止，时则不至，而控于地而已矣，奚以之九万里而南为？

选自：《庄子·内篇·逍遥游》

【大意】

蝉与雀讥笑大鹏鸟说：我从地面急速起飞，碰到树枝就停下来，有时飞不到树上去，就落在地上，为什么要那么费劲地高飞去南海呢？

【评说】

燕雀之飞，高不过屋檐，它们不会知道天有多高，地有多大；一口浅井，不过几尺之大，里面的青蛙不能想象江海有多么宽广；每日沉迷于游戏、热衷于“心灵鸡汤”的人，当然理解不了一个奋斗者的日夜兼程。

高层次的生存方式，低层次永远也不会懂得。没有翱翔过天际，未曾胸怀过寰宇，还有资格喊“高处不胜寒”？

竹影扫阶尘不动，月轮穿沼水无痕。
水流任急境常静，花落虽频意自闲。

选自：《菜根谭》

【大意】

竹影在台阶上掠过，可地上的尘土并没有飞动；月轮越过池水，可水面上却没留下痕迹。

不论水流如何急湍，只要心里宁静，就听不到水声；花瓣虽然纷纷谢落，只要心情悠闲就不会受到干扰。

【评说】

朋友约一条小船在湖中饮酒。突然有条船碰撞过来，连续撞船几次。朋友大怒，岂有此理，欺人太甚！于是，站出船头，大声喝喊，准备与船主理论。喊了几声，竟然发现，是个空船。顷刻，怒气全消。谁会跟一条没有主的空船计较？

假设，那不是空船，岂不与船主有一场争战吗？

假设，我们把有人之船当做空船，把路上的追尾、磕碰当作空车，把不绝于耳的怒骂化作空心，不好吗？

假设，我们将自己的心放空，那些无休止的欲望，放不下的计较，烦恼人的寂寞，难以言表的苦衷，不也随风而去了吗？

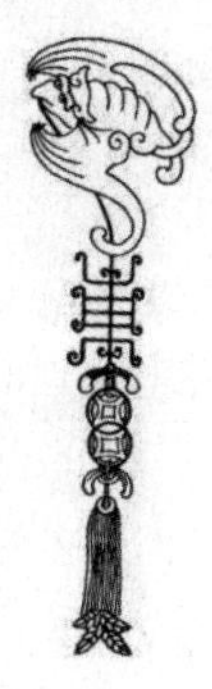

子曰：君子疾没世而名不称焉。

选自：《论语·卫灵公》

【大意】

孔子说：君子最担心的是自己一生没留下什么有建树的名声。

【评说】

人在转身之后，以背影示人才是写照。抛却那些嘘寒问暖的握手拥抱，剔除那些别有用心的谄媚逢迎，还一个真我，量一份真知。如浅滩出水，一览无余，风吹日晒，自然回归。

人在退休之后也是个影子。有人相送，有人关怀，有人感恩，有人逢年过节发个短信、打个电话，有人将一段鸡汤文字或自认为的经典视频发送给你再配一个龇牙咧嘴的笑脸，这便是大大的点赞了。比在职时的俯首帖耳、逆来顺受强之甚多。

人死后还是个影子。吊唁的、怀念的、不舍的、祝福的络绎不绝，于是便将对你的依恋和尊敬转移到孩子。名声是人一生的财富，影子财富。

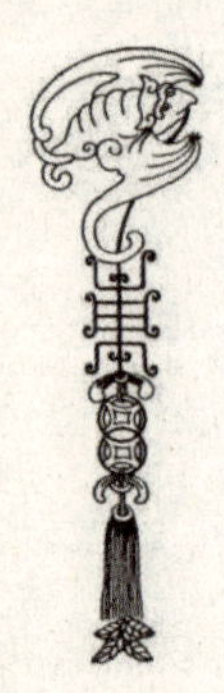

类君子之有道，入暗室而不欺。

选自：骆宾王《萤火赋》

【大意】

有一种君子之道，即便一人独居暗处，也像在光天化日下一样，对自己的言行严格要求，从不欺骗内心。

【评说】

古代有位书生去赶考，他所投宿的旅店对面是某指挥官的府第。指挥官有个女儿，看见这位书生风流潇洒就十分有意。考试完毕，这位小姐就让她的婢女把心意告诉书生。并对他说，指挥官到别处去了，约他晚上相会。书生害怕损伤品德，不敢应允。

与书生同住这一旅店的朋友，一向为人轻薄放荡，偷听了婢女和书生的谈话，那晚假装成这位书生前去赴约。晚上光线昏暗，小姐没有认出，就和他寻欢作乐，事后很疲倦，不知不觉就睡熟了。正好指挥官回来了。他看见门未关闭，心中疑惑，看见情形，心中大怒，拔出佩剑把他两人一齐杀掉，然后到官府自首。第二天发榜，书生第一榜就中了进士。他于是对人说：假如我轻薄放荡，现在名字已经登在录鬼薄上了！

自由，永远与自律同行。不然，可能丧命哟！

孔子曰：君子有三畏：畏天命，畏大人，畏圣人之言。小人不知天命而不畏也，狎大人，侮圣人之言。

选自：《论语·季氏第十六》

【大意】

孔子说：君子有三种敬畏：敬畏天命，敬畏地位高、德行好的人，敬畏圣人的话和圣贤之作。小人不懂得天命而不敬畏，轻佻地对待地位高、德行好的人，轻侮圣人的话和轻视圣贤之作。

【评说】

明太祖朱元璋一日问大臣，天下谁人最快活？有人说功高盖世者，有人说位居显赫者，有人说金榜题名者，还有人说富甲一方者……

朱元璋听后皆不满意。一名叫万钢的大臣答道，畏法度者最快活。此言一出，朱元璋大悦。

做人要有所畏惧，不去放肆，才能修养德性。若无所畏惧，则任性纵欲，必定招致灾祸！

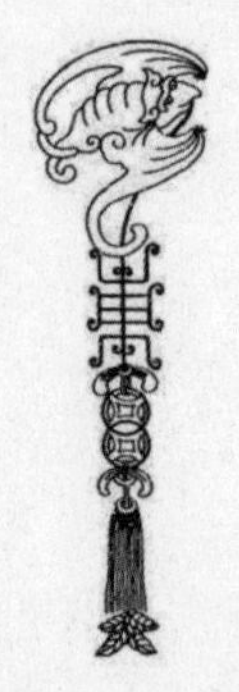

历览前贤国与家，成由勤俭败由奢。

选自：唐·李商隐《咏史》

【大意】

纵观历史上贤明智慧的国家、基业与家族，勤俭能使之昌盛和延续，而奢侈腐败、浪费、懒惰会使之灭亡和衰败。

【评说】

有些人的人生很像一顿自助餐，每一种都想品尝，每一份都驻足观看。把所爱的食品都打入盘中。吃不了剩下，也不放过任何一种食物，即便吃饱了，也须咬一口、尝一下、舔一回。像来村中扫荡的恶狼，把每一只羊都咬死后扬长而去。

守不住清贫，又迷失心智的人常常忘记自律。于是，刚开始快乐，最终导致惨败。实际，人生只需打一份属于你的一碗粥就好了。在美色和美食的诱惑下，再能“弱水三千，只取一瓢”饮就更好了。

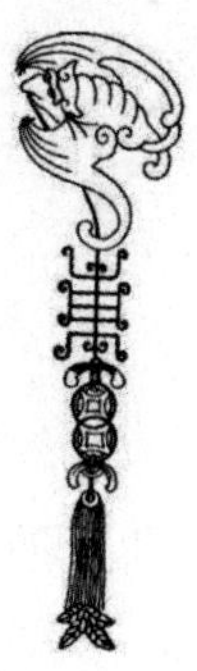

孟子曰：人有不为也，而后可以有为。

选自：《孟子·离娄下》

【大意】

孟子说：一个人有所不为，然后才能有所为。

【评说】

我们生活在追求中。对钱、权、名、利的追求，对学问、对信仰的追求，对情、对色的追求。如何权衡利弊、考虑得失呢？

1. 看见可以追求的东西，就必须前前后后考虑一下它可厌的一面；

2. 看到可以得利的东西，就必须前前后后考虑一下它可能造成的危害。

将优势与劣势、机会和威胁统筹一下，就得出行动与否的证据了。

大多的祸患，往往都是来自于片面性：看见可以追求的东西，就不考虑它可厌恶的一面；看到可以得利的东西，就不去反顾一下它可能造成的危害。因此行动起来就失足、受辱、痛苦和悔恨！

持己当从无过中求有过，待人当于有过中求无过。

选自：《格言联璧》

【大意】

修身有两个基本要素：一、要求自己的时候，要从没有错误中发现错误；二、对待别人时即使其有过错，也要从中发现他的优点。

【评说】

自由，来自于检点自己和宽容别人。为了享有自由，就要多给别人自由，控制自己自由。如此，别人才会给你自由。如同不太宽阔的路上，对面来一辆汽车，我们必须慢下来，或干脆停下来，让对方先过。若两个车子都想自由，那么谁也不会自由。

有的人只想自己自由，不顾他人是否自由。于是，自我陶醉，惟我独尊，纵情驰骋。于是，因为速度太快而翻车了。翻了车，就有人翻脸。翻了脸，就别想再翻身。你的自由还在吗？

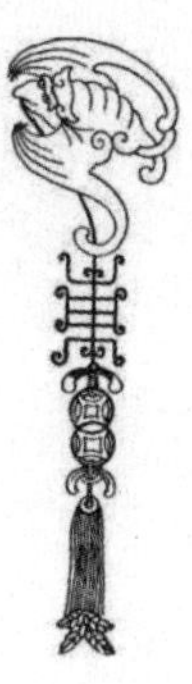

纵性情，安恣睢，而违礼义者为小人。

选自：《荀子·性恶篇》

【注解】

恣睢 zì suī：放纵，放任的意思。

【大意】

放纵性情，任性暴戾，对行为不加管束，对欲望不加控制，违背礼仪，凡事不以道义为标准，就是卑劣的小人了。

【评说】

能自律的人有自由，对自己有 9 种要求，则无大过矣：

1. 要看得明白，有时亲眼看见也未必真实。
2. 要听得清楚，耳朵应容纳两种声音。一种是表扬，一种是批评。
3. 要说得合理，未见到的、不真实的尽量不要出口。
4. 脸色要温和，常使微笑挂在脸上。
5. 容貌要谦虚恭敬有礼，不可骄傲，更不要给人以冰冷的感觉，你有啥大不了的？
6. 做事不要懈怠懒惰，更别好大喜功、邀功诿过。
7. 有疑惑要问，不认识字要查。得过且过就是给自己的明天增了一门槛。
8. 生气与愤怒的时候最好先停止一下，想想后果有多严重。
9. 遇见可以取得的利益时，要想想是否违背道德，是否合乎义理？

荀子曰：外重物而不内忧者，无之有也。行离理而不外危者，无之有也；外危而不内恐者，无之有也。

选自：《荀子·正名篇》

【大意】

荀子说：重视物质欲望而内心不忧虑的人，是没有的；行为背离大道而不遭遇危险的人，是没有的；遭遇危险而内心不恐惧的人，是没有的。

【评说】

人的心像明镜一样，充满着光明，只因外在的污染而变暗、变脏。是什么污染了心灵呢？

纵情于声色，热衷于财货，嗜好于权势，追随于名誉。于是，我们贪心，我们虚伪，我们胆怯，我们偏激。

如何重获光明呢？

有了成绩不必高兴得太早，受到打击不必悲伤得太深。淡泊寡欲一点，可以养神；眼界放宽一点，可以养志；谦卑低调一点，可以养情；坦荡放下一点，可以养心。

您会发现，心的光明从未消失，只不过少了擦拭而已。

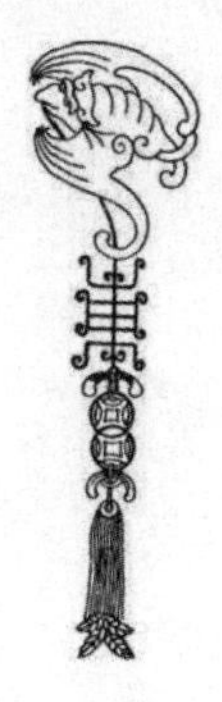

老子曰：我有三宝，持而保之。一曰慈，二曰俭，三曰不敢为天下先。

选自：《道德经·第六十七章》

【大意】

老子说：我有三件宝贝，持有而珍重它。第一件叫慈爱，第二件叫节俭，第三件叫不敢处在众人之先。

【评说】

有慈爱的人是真勇敢，能节俭的人是真富有，把荣誉和成绩让给别人一些，才会得到尊重和拥护。

生活里，很少有人本领大过孙悟空。但，修成正果的出路，却不是一个跟头十万八千里和打败十万天兵天将。恰恰是保着一个手无寸铁、身无分文、安弱守雌的人去西天取经。而且，不是孙悟空的速度，而是唐僧的步伐。

有时候，我们越往天上飞翔，越找不到方向。若还不知停止，有可能遇到天上来客，将你压在两界山下，永世不得翻身。

跟着一个有使命的人走下去挺好的，最好做个副手，因为生活只有一个主角。

子曰：内省不疚，夫何忧何惧？

选自：《论语·颜渊第十二》

【大意】

孔子说：自己问心无愧，还有什么忧愁和恐惧呢？

【评说】

东汉名臣杨震，公正廉洁，风雅清正，志存高远，人称关西孔子。他曾推荐“贤人”王密做昌邑县（今山东金乡县）县令。一次，杨震因公事路过昌邑县，晚上下榻于馆驿。夜深人静之时，王密怀揣十金前往馆驿相赠，以谢杨震知遇之恩。杨震拒而不受。王密急切之下说，此时深夜，无人知矣。杨震正声而回答，做人岂可暗室亏心，举头三尺有神明，此事天知、地知、你知、我知，怎么说没有别人知呢？

是呀，没有别人在，难道我们的良心就不在了吗？问心无愧的问，不是问别人心，而是问自己的心。我们该时刻问一问自己的良心：亲，你还在吗？

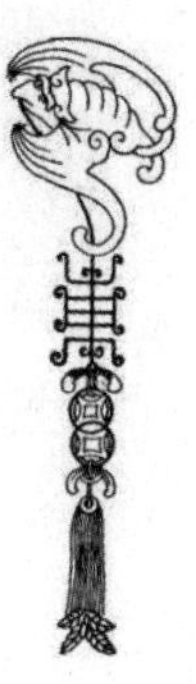

尺之木必有节目，寸之玉必有瑕璉（tì）。

选自：《吕氏春秋》

【注释】

节目：树枝交叉处纹理不顺的地方。
瑕璉：玉的斑点，瑕疵。

【大意】

一尺高的树一定有树节，一寸大的玉就会有瑕疵。

【评说】

战国中期秦国名将甘戊（wù）出使齐国，走到一条大河边，船夫说河面很窄，你是有名的大将，却不能够自己过河，能够替国王去游说吗？

甘戊说，世间万物，各有所能。比方说，恭谨而又忠厚老实的人，能够奉侍君主，不能够用他们带兵打仗；骏马日行千里，为天下骑士所看重，可是如果叫它去捕获老鼠，那它肯定不如一只小猫；宝剑削铁如泥，为天下勇士所青睐，可是如果用它来劈砍木柴，那它肯定不如一把斧头。在船上划桨，让船顺着水势起伏漂流，我不如你；然而游说各个小国大国的君主，你就不如我了。船夫一听，无言以对，心悦诚服。请甘戊上船，送其过河。

人或事物各有长处和短处，不应求全责备，而应扬长避短。我们的痛苦大多来自于用自己的短处，比人家的长处。

老子曰：致虚极，守静笃。

选自：《道德经·第十六章》

【大意】

虚和静都是形容人的心境是空明宁静状态，但由于外界的干扰、诱惑，人的私欲开始活动。因此心灵蔽塞不安，所以必须注意“致虚”和“守静”，以期待恢复心灵的清明。

【评说】

有人问我良好睡眠的秘诀。我说忘记白天荣辱功过、悲欢离合、大小多少，让心来去自由，交给梦境。杂念与污染皆随风而去。空明一片，湛然朗朗，气静神闲。

又问，这等功夫如何实现？

最高深的就是最简单的。首先寂然不动，一动不动。躺好一个位置，从头至脚，包括嘴巴、耳朵、鼻子甚至眉毛，皆一动不动。此刻只有呼吸。一心不乱、专一不二地守住心。如鸡之孵卵，紧闭双目，精神内守，专注在所孵的鸡蛋上。我们是那只母鸡，守住的蛋就是自己的心。

人之一生，一半在床上度过。不睡个好觉，权钱名利要之何用？古之真人，其寝不梦。既能睡觉，又可成仙。一夜之间，如同归隐。岂不乐哉！

养生之诀，当以睡眠居先。睡能还精，睡能养气，睡能健脾益胃，睡能健骨强筋。你不觉得是个自由之身吗？

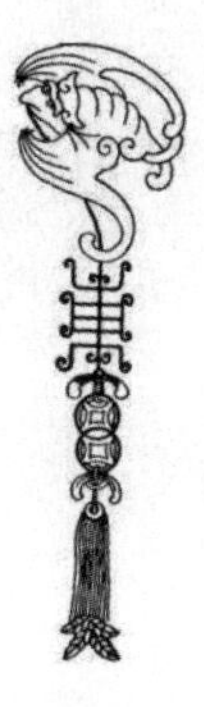

时止则止，时行则行。动静不失其时，其道光明。

选自：《周易·艮卦》

【大意】

该静止的时候必须要静止，该行动的时候一定要行动。不论是静止还是行动，都要掌握好时机。万万不可该动时歇息了，该停时却活跃了。那可就惨喽！

【评说】

人，随着年龄增长欲望愈发增强，不停地累加，当自己控制不了自己的欲望时，就会被无穷的外界物欲所淹没。

古人身动心静。走路，爬山，砍柴，骑马，即使乘车也震动与颠簸，同样是锻炼。欲望不太大，所以身体好。

现代人不同。身静心动。网络与手机成为生活的必需品。有事问百度，没事玩微信，闲着忙着都购物。被科技服务，同时也被科技损伤。乘车、飞机、高铁，几千里路程朝发夕至。尤其喜欢出名、赚钱、当官和情色。无休止的追求，令人堕入贪婪的河流。

欲望太大，心胸就小了。心灵不静，身体就坏了。

发上等愿，结中等缘，享下等福；
择高处立，就平处坐，向宽处行。

选自：清·左宗棠·“无锡梅园”题词

【大意】

一个人应该志向高远，不懈努力，但不要期待回报太多，并做好平庸生活的准备；看问题要高瞻远瞩，为人却要低调谦和，一旦有所成就，也要朴素为怀，事留余地，雅量容人，从而让人生的路越走越宽。

【评说】

一个人做成大事需 3 种境界：

1. 兼善天下的济世情怀，立身处世谦虚稳重，纵然人生际遇各有不同，也始终保持平淡之心，处变不惊。

2. 在风斜雨急的变化中，要把握住自己的脚步站稳立场；处身于艳丽色姿中，必须把眼光放得远而把持住自己的情感，不致迷惑；路径危险的时候，要能收步猛回头，以免不能自拔。

3. 以出世的情怀，做入世的事业。只问耕耘，不问收获。但尽人事，不计天命。成与败，荣与辱，卑微和高尚任其自然，不挂于心。

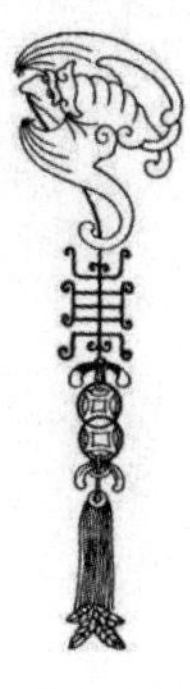

凡办大事，以识为主，以才为辅；凡成大事，人谋居半，天意居半。

选自：《曾国藩家书》

【大意】

凡是办大事，首先需要有深厚的阅历和识见，并以才能作为辅助；凡是要成就大事的，一半在于人的谋划，另一半就要看天意了，看时机会不会来到。所谓谋事在人，成事在天，就是这个意思了。

【评说】

我们似乎都有过这样的经历：穿针引线的时候，竭力想稳住双手而事与愿违；长时间注目一个汉字，越看越不像，越看越没有把握，只好查字典验证；困难年间，不得已长期吃一种食物，直至伤胃。现在看见、听说或者想起这种食物就呕吐；爱一个人，天昏地暗，时空错乱。爱到深处就会怀疑爱人的爱，怀疑对爱人的爱。

美国曾经有一个著名的高空走钢索的表演者，他在一次重大的表演中，不幸失足身亡。他妻子事后说，我知道这一次一定要出事，因为他上场前总是不停地说，这次太重要了，太重要了，不能失败。

平时水平很高，关键时候却发挥失常，也都是这个原因。唯有放松，才能做得更好！有些事情看得太重反而会失去。保持一颗从容、淡定的心对待生活吧！

不好名者，斯不好利；好名者，好利之尤者也。

选自：明·钱琦《钱公良测语》

【大意】

把名位观念看得淡的人，对于金钱看得也很淡；尤其喜欢出名的人，一定是利欲熏心。

【评说】

每个人心里都有一个想穿越的栅栏。可能是功名，可能是权力，可能是美色，可能是情缘，可能是诸多不舍、昂首期盼。但，穿越栅栏要付出努力，弄不好头破血流，身心疲惫。待穿越过去才发现，心中的翠绿欲滴、丰硕晶莹早已破烂不堪。不如归去，不如归去。可，穿越得太久，如何归去？以至于用光了青春、事业、勇气和信心。无奈，携着岁月落荒而逃。

进进出出，来来去去，终点又回到起点，到现在竟没有人发觉。

人生总在天地间，失失得得总是零！

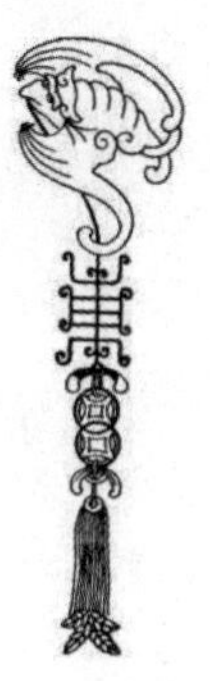

或曰：雍也仁而不佞。

子曰：焉用佞？御人以口给，屡憎于人，不知其仁，焉用佞？

选自：《论语·公冶长》

【大意】

孔子有个学生，叫冉雍。有人对孔子说，你那学生挺好的，仁慈、厚道、宽宏，还有爱心，就有一缺点：口才不好。

孔子回答说，为什么要耍嘴皮子呢？耍嘴皮子的人很可怕，喜欢用嘴得罪人或刻薄人。说话刻薄，常常被人讨厌。有时言语给人的伤害，比捅人一刀还痛苦。为什么要耍嘴皮子呢？

【评说】

多说，是守不住内心寂寞。挨不住寂寞的人爱多说。

先说辩论。

我与你如何论辩，如果你胜了我，那么我就胜不了你。难道你就真对了，我就真错了吗？如果我胜了你，你就胜不了我，难道我就真对了，你就真错了吗？

再说吵架。

俩明白人不吵架，因为都知道吵架吃亏，就互相谦让；一明白人和一糊涂人也不吵架，因为明白人躲着糊涂人，让着糊涂人；吵架者，俩糊涂虫也！

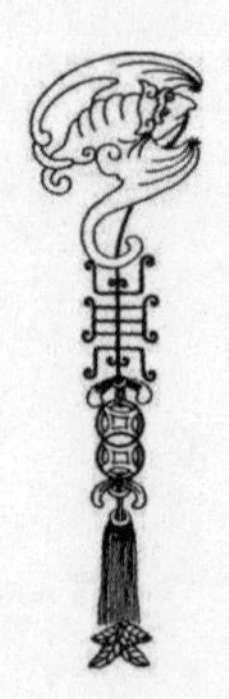

积金堆金官又崇，祸来倏忽变成空；
五年荣贵今何在？不异南柯一梦中。

选自：唐·宿州太守陈蟠·临终诗作

【大意】

唐朝宿州太守陈蟠是从基层一步一步走上封疆大吏的显要位置的，但因贪赃枉法被处死刑。临刑前追悔莫及，题诗一首。他说，一直以来，变着心法赚钱当官，每走一步都因被人仰慕而得意洋洋，家里钱财堆积如山。可是，被查处时却感觉这一切原来都是虚空之物，半点用处也没有。5 年的荣华富贵，如同南柯一梦。惊醒后面对的是生命失去！

【评说】

明代开国皇帝朱元璋曾对手下说过这样一段话：老老实实地当官，守着自己的俸禄过日子，就好像守着一口井，井水虽不满，但可天天汲取，用之不尽。

言外之意，你若嫌井水不满，或想多拥有几口井，可能会有一时之快，但纵情之后是灾难呀！

少许的期盼，才能拥有最大的幸福。清朝学者倪元坦给出了我们克制欲望的金玉良言：别人骑马我骑驴，自觉无颜叹不如；君试回头一察看，道旁还有赤脚夫。

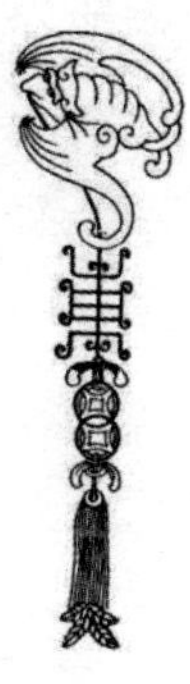

庄子曰：至人之用心若镜，不将不迎，应而不藏，故能胜物而不伤。

选自：《庄子·内篇·应帝王》

【大意】

庄子说：那种具有极高道德和智慧的人，他的内心好像镜子一样，照过的不去送，未照的不去迎，现在照的也不留痕迹。所以能够经得起考验而不受损伤。也就是我们说的，对着镜子，你笑它亦笑，你哭它亦哭，你走了，它亦空空如也！

【评说】

有位太太多年来不断抱怨对面的太太很懒惰，说那个女人的衣服永远洗不干净，晾在院子里的衣服总是有斑点。并无奈地说，真不知道，她怎么连洗衣服都洗成那个样子。

直到有一天，有个明察秋毫的朋友到她家，才发现不是对面的太太衣服洗不干净。细心的朋友拿了一块抹布，把这个太太的窗户上的灰渍抹掉。说你看，这不就干净了吗？

原来，是自己家的窗户脏了。

我们的心灵窗户脏了，还拼命指责别人。看不惯别人，是自己心里狭隘吧？影子不正，是自己站歪了吧？满眼都是冤屈，是自己能力不够吧？

人恒过，然后能改；困于心，衡于虑，而后作。

选自：《孟子·告子下》

【大意】

人非圣贤，没谁不会犯一些错误。人有了过失，然后努力地去改正；心志遭受困苦，思虑被阻塞，但不被困难击垮，大度地面对舍得、聚散、尊卑与荣辱，才可以有所作为。

【评说】

生活里我们遇到的红灯、堵车、飞机晚点、路上追尾以及失恋与离婚，任何一种行程的阻挡都是生命能量的聚合。比如得病不想吃饭，是对身体的保护；晋升没成功，是因德不配位，非要勉强为之，可能遭受灾殃；没出大名，没赚大钱，没成大事，没当大官，没有倾国倾城的姿色，都是对生命的滋养。花到春天才开，叶到秋天才落。您急啥呢？

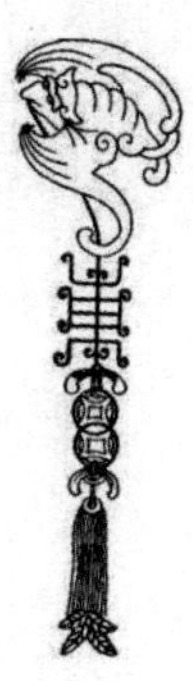

老子曰：是以圣人去甚，去奢，去泰。

选自：《道德经·二十九章》

【大意】

老子说：圣明之人总是遵循常道，顺乎自然，摒弃那些过度的、夸大的、极端的行为。如此则可以畅万物之情，适合万物之性，进而实现天下大治，安宁幸福。

【评说】

常见高铁站，还差20分钟检票，闸机前就排起长队，手提行李，面色庄严。也见飞机落地，还没停稳，乘客就纷纷站立取行李、开手机。我甚至有些奇怪，舱门不开，你下得去？

大多厕所都提示“来也匆匆，去也冲冲”，但有人就是不冲。走进寺院，佛前忠告：注意台阶，请按顺序礼让跪拜。咦，磕头也抢呀！

与人聊天、吃饭都在忙不迭地刷微信，全然不顾眼前语重心长的朋友。众多文章擅长标题党，危言耸听：“未删除之前赶紧看！”

我们早已被快餐惯坏，迟几分钟上菜，就有种按捺不住、呵斥服务员的愤怒；开车接打电话，说是为节省时间。但我总觉得太贵。话费贵，手机贵，汽车贵，还有，火化费也贵。

我的意思是：过于忙碌会丢失自己，想请您慢下来，让生活平静、内心安宁。

爽口之味皆烂肠腐骨之药，五分便无殃；快心之事皆败身丧德之媒，五分便无悔。

选自：《菜根谭》

【大意】

可口的美味佳肴，吃多了也能伤及肠胃，所以吃个半饱就不会伤害身体了；称心如意的好事，若把控不好恰是引诱人们走向身败名裂的媒介。所以凡事不可只求心满意足，当思之、慎之。

【评说】

我们之所以贪恋享受，屈从诱惑，是因为被身体拖累和支配。但过后总会觉得心灵受到了污染一般。人的心若被污染和蒙蔽，就如同行尸走肉了。

一切困扰，尽在此心。一切问题，都是心的问题。内心的丰盈与否，决定人生的贫富冷暖。使人失败的不是困难重重与诱惑多多，而是内心清静和繁杂。

在物欲横流的世界中，为自己留下一片心灵的净土，才可以识别是非美丑。请问：有多久没倾听自己的内心了？从现在开始，好好守护心灵！

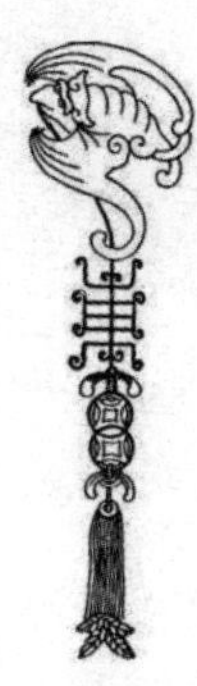

【平等篇】

所谓壹刑者，刑无等级，自卿相、将军以至大夫、庶人，有不从王令、犯国禁、乱上制者，罪死不赦。

选自《商君书·赏刑》

【大意】

所说的统一刑罚是指使用刑罚不分等级，从卿相、将军、一直到大夫和平民百姓，有不听从君主命令的，违反国家法令的，违反国家禁令，破坏君主制定的法律的，都要处以死罪，绝不赦免。

【评说】

西周时期，法律规定了八种人犯罪司法机关无权审判，必须奏请皇帝裁决。这八种人分别是：1. 议亲，指皇亲国戚；2. 议故，指皇帝的故旧；3. 议贤，指依封建标准德高望重的人；4. 议能，指统治才能出众的人；5. 议功，指对封建国家有大功勋者；6. 议贵，指上层贵族官僚；7. 议勤，指为国家服务勤劳有大贡献的人；8. 议宾，指前朝的贵族及其后代。

自商鞅变法后，首开先河，挑战了中国古代大夫以上的阶层享受的“特权”。一直到当今的新中国，从几千年漫长的封建路途中走来，历经了君臣之道、三纲五常、受命于天、君命重于一切等已经成为人们的生活准则的习惯的“人治”，终于在1954年，将“法律平等的原则”庄严地写进新中国的第一部宪法：“中华人民共和国公民在法律上一律平等。”

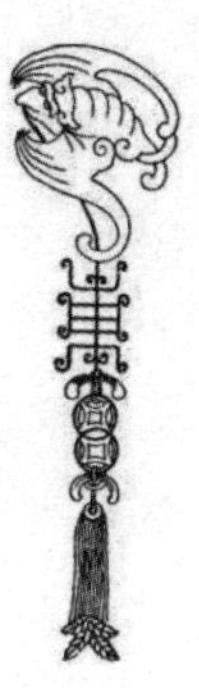

民吾同胞，物吾与也。

选自：宋·张载《西铭》

【大意】

人民都是我的兄弟姊妹，万物与我都是天地所生。指仁者爱人类，同时也爱自然万物。

【评说】

2017年1月18日，习近平主席在联合国日内瓦总部的演讲中指出，让和平的薪火代代相传，让发展的动力源源不断，让文明的光芒熠熠生辉，是各国人民的期待，也是我们这一代政治家应有的担当。中国方案是：构建人类命运共同体，实现共赢共享。

作为新时代的中国人，有理由、有责任、有使命，在独善其身后展开兼善天下的胸怀，为世界的和平、人类的美好而祝福、而努力、而喝彩！

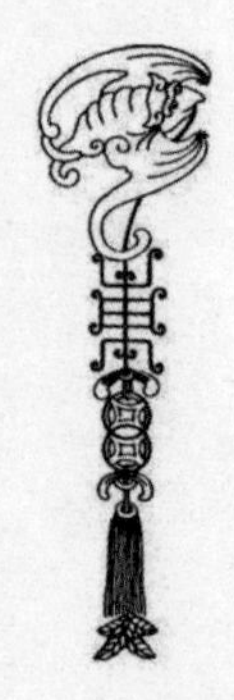

君子和而不流，强哉矫；中立而不倚，强哉矫；国有道，不变塞焉，强哉矫！

选自：《中庸》

【注释】

强哉矫：矫与强同意，同时出现在句子里表示双重肯定，哉是语气词。

【大意】

君子虽同流而不和污，此为强者；不偏倚强势保持中立，此为强者；国有国道，不因为强权而随便改变立国之本，此为强者！

【评说】

新时代的中国有两个“最大公约数”，一是中国梦，汇聚了中国人民对美好生活向往的最大公约数；二是人类命运共同体，汇聚着世界各国对和平、发展、繁荣向往的最大公约数。

中国梦与人类命运共同体，这两个“最大公约数”完美融合。党的十九大报告指出，“坚持和平发展道路，推动构建人类命运共同体”，并且着重强调“中国人民愿同各国人民一道，推动人类命运共同体建设，共同创造人类的美好未来！”

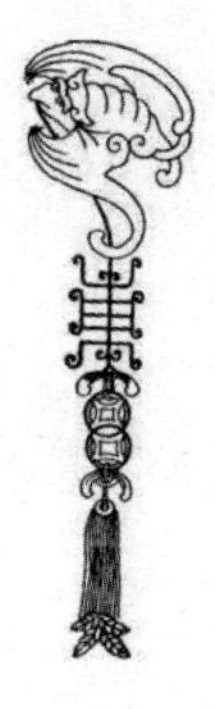

人人有权，其国必兴；人人无权，其国必废；此量如日月经天，江河行地，古今不易，遐迩无殊。

选自：清·何启·胡礼垣

【注释】

何启：清末民初香港著名基督徒医生、律师、政治家、企业家和慈善家；香港首位获封爵士荣衔的华人。

胡礼垣：近代中国最早阐述“大同”理想的学者，与何启合作，在中国最早宣传“公平”思想。

【大意】

每个人都对家庭、社会和国家尽职尽责，这个国家必然会富强兴旺；若人民对尽职尽责不感兴趣且自私自利，这个国家必然遭受侵略，甚至导致灭亡。这准则就像日升月落，江河奔流大地一样正确，古今中外，皆是如此，概莫能外。

【评说】

马克思说，没有无义务的权利，也没有无权利的义务。

每个享受权利的人同时也要履行义务，每个尽了义务的人也必然会享受到权利。世上没有无权利的义务，也没有无义务的权利。即便你放弃享受权利，也不能放弃履行义务。

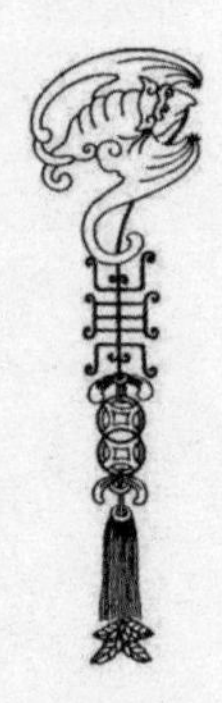

人者，人亦善之。

选自：《管子·霸形》

【大意】

用自己的善心助人，也必定会得到他人善意的回报。

【评说】

一位名叫马丁·尼莫拉的德国新教牧师，在美国波士顿犹太人屠杀纪念碑上铭刻了一首短诗：

当纳粹追杀共产主义者
我保持沉默
——因为我不是共产主义者
当他们追杀社会民主主义者
我保持沉默
——因为我不是社会民主主义者
当他们追杀工会成员
我没站出来说话
——因为我不是工会成员
当他们追杀犹太人
我保持沉默
——因为我不是犹太人
当他们要追杀我
再也没有人为我说话了

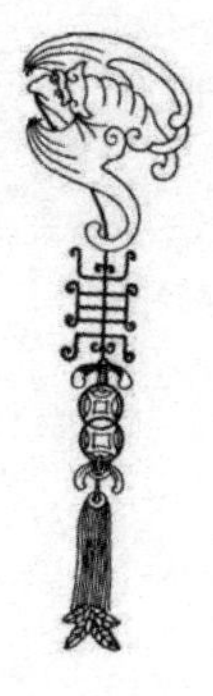

孟子曰：仁义礼智，非由外铄我也，我固有之也，弗思耳矣。故曰：求则得之，舍则失之。

选自：《孟子·告子上》

【大意】

孟子说，对于仁、义、礼、智这四种道德情愫人人平等，因为与生俱来，都不是由外在的因素加给我的，而是我本身固有的，只不过平时没有去思考它因而不觉得罢了。所以说：仁义礼智这四种美德，探求就可以得到，放弃便会失去。

【评说】

孟子将人的善看得很平等。他说，每个人都有怜悯体恤别人的心情，譬如说，有人突然看见一个小孩要掉进井里面去了，必然会产生惊惧同情的心理，这不是因为要想去和这孩子的父母拉关系，不是因为要想在乡邻朋友中博取声誉，也不是因为厌恶这孩子的哭叫声才产生这种惊惧同情心理的。

所以说，一个人没有了同情心，就不能称之为人了。相同于羞耻心、谦让心和是非心，都是与生俱来的。不过是因为生活过于随意，忘记自省，而忽视了“四心”的修养，将“四心”蒙蔽罢了。

民之性，饥而求食，劳而求佚，苦则求乐，辱则求荣，生则计利，死则虑名。

选自：《商君书·算地》

【大意】

人的本性，在饥饿的时候会想尽办法去满足口腹之欲，在疲劳的时候尽快地摆脱疲劳，处在苦难时要寻找自己的快乐，在受侮辱的时候要忍辱负重，希望得到贵人的帮扶，活着的时候要算计自己的利益，死了顾虑自己的名节。

【评说】

中国共产党的十一届三中全会以后，在社会主义改造基本完成以后，我国所要解决的主要矛盾，是人民日益增长的物质文化需要同落后的社会生产之间的矛盾。

进入了习近平新时代特色社会主义后，我国的社会主要矛盾已经转化为人民日益增长的美好生活需要和不平衡不充分的发展之间的矛盾。

而，两千多年前，管仲说，仓廪实而知礼节，衣食足而知荣辱。

无论是历史的中国，还是当今的时代，对美好生活的向往，是所有人的共同的奋斗目标！

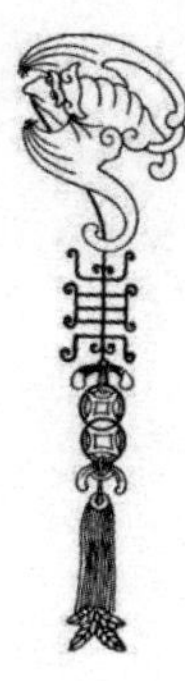

太宰问于子贡曰：夫子圣者与？何其多能也？子贡曰：固天纵之将圣，又多能也。子闻之，曰：太宰知我乎？吾少也贱，故多能鄙事。君子多乎哉，不多也。

选自：《论语·子罕》

【大意】

掌握国君宫廷事务的官长太宰问子贡，你的老师是圣人吗？为什么如此多知，会如此多才多艺？

子贡回答说，是老天本来就要他成为圣人，又要他多才多艺。

孔子听说后，对子贡说，太宰了解我吗？我小时候生活艰难，受了很多苦，所以会干一些粗贱的活。一个没有受过苦的贵族会有这么多技艺吗？不会的。

【评说】

生活给每个人的机会都是均等的。当你怨天尤人，觉得自己苦难和卑贱的时候，实则那是一所让你成长的“苦难学校”。正如孔子和每一个伟大的人一样，走进苦难，克服苦难，改变苦难，才能走出苦难。

美国石油大王洛克菲勒，有一张视为珍宝的照片，那是他小学同学们的合影，但照片上却没有他本人的身影。

儿童时代的洛克菲勒很少有照相的机会。在拍照的那一天，洛克菲勒非常兴奋，甚至酝酿了好几种微笑的表情。但因为他的衣着太寒酸，所以在拍照的一瞬间，他被老师和摄影师排除在了合影之外。

洛克菲勒后来的财富帝国，是否因为这一隐隐作痛的一幕而铸就的呢？

志不立，天下无可成之事。虽百工技艺，未有不本于志者。

选自：王阳明《教条示龙场诸生》

【大意】

不立志，天下便没有可以做成功的事情。即便是各种工匠的技艺，也没有不是靠志向才学成的。

【评说】

生活里很多人都在同一个起跑线上开始的。为什么有的人到最后输得很惨？究其原因，大多是没有立志的原因。如同一个跑步选手，只知道跑，不知道为什么跑，也不知道往哪里跑，显然他会失败的。

正像我们的孩子，家长灌输的理念是学习，而却很少帮助其树立志向。所以孩子的学习总让父母操心。

王阳明说，志向没有立定，就好像没有舵木的船，没有缰绳的马，随水漂流，任意奔逃，最后又得到什么呢？

母鸡的理想不过是一把糠米，小狗的理想不过是一块骨头，麻雀的理想不过是飞上树梢，青蛙的理想不过是坐井观天。

您孩子的理想是什么？

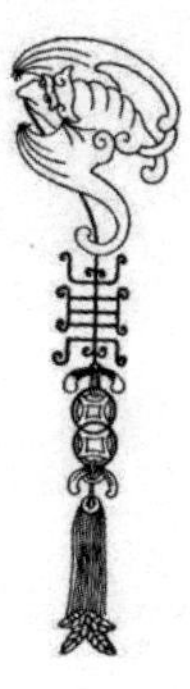

人人好公，则天下太平；人人营私，则天下大乱。

选自：清·刘鹗《老残游记》

【大意】

太多人都喜欢财富、官位和荣誉，于是成功学就趁虚而入，标题党才大行其道。当人们都把目光投射在别人的辉煌、荣誉和光鲜上，而从不安静下来检查自己的错误和私欲，就形成了一个削尖脑袋追逐利益的习惯。

【评说】

实际，在喜欢财富、官位和荣誉的前提下，我们更应该谈的是道德、规矩和质量。改革开放40年了，又给了每一个中国人平等的机会：在道德、规矩和质量的基础上，让自己走向美好生活！

不为穷变节，不为贱易志。

选自：桓宽·《盐铁论》

【注解】

《盐铁论》：是西汉政治家桓宽，根据著名的“盐铁会议”记录整理撰写的重要史书，书中记述了当时对汉武帝时期的政治、经济、军事、外交、文化的一场大辩论。

【大意】

人要时常修炼人格，不为贫穷而改变气节，不为低贱而丧失心志。

【评说】

人格平等，是一个国家的文明标志。

人格，是人的专属名词。即做人的资格。

何为人的资格?

仁爱、善良、宽容、真实、诚信、勇敢、正义等诸多修养人心和行为的要求规范，更确切地说，就是一个人遇到了权、钱、名、利、情和色时是否以道德的标准要求自己。

朱自清饿死不吃美国人救济粮，鲁迅为了民族大义而放弃诺贝尔文学奖提名，这都是优秀人格的表率。我们突然之间觉得他们的人格很不平等，因为高大得让我们仰视!

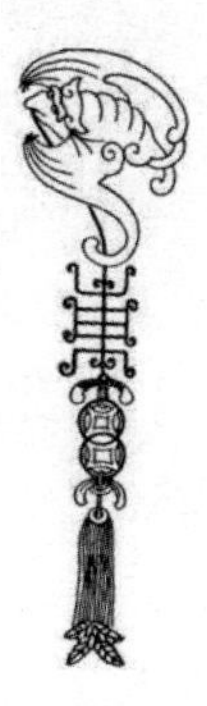

不飞则已，一飞冲天；不鸣则已，一鸣惊人。

选自：《史记·滑稽列传》

【评说】

萨克拉门托，是 19 世纪美国加利福尼亚州的首府。当时，世界很多地方，包括诸多华人都去那里淘金。

一日，满清政府有位领事过桥。他身后有两个年轻人也在过桥。两人看着这个中国官员穿着满清花花绿绿的官服，脑后拖着长辫子，觉得很好玩，就打赌这个中国外交官会不会游泳。于是两人一使劲，就把这位官员扔进了河里。他真不会游泳。淹死了。然后，什么也没有发生。

我们听了这个故事，很气愤，说世界很不平等。

上世纪 60 年代的南非与美国一样，还奉行种族隔离政策，比美国还严格。黄种人是有色人种，在公共汽车上必须坐后排座，前排的座位属于白种人。

五十多年前，一中国人去南非做点小生意。也就是 1964 年 10 月 17 日，这位老先生乘坐公共汽车，上车后他习惯地往车后面走。司机对他说，你可以坐前排了，不用去后面了。

老先生非常诧异，说我是中国人。

司机说，我知道，我看出来了。

老先生说，那，我不就应该坐在后面吗？

司机说，难道你没看今天的报纸？昨天中国爆炸了原子弹。能造出原子弹的民族当然是优等民族。从今天起，中国人都可以坐前排座。

老先生一下子就愣住了。过了一会儿，他泪流满面地说，这车我不坐了，我下车走路。

此刻，我们觉得很平等。

生活，哪有什么真正的平等。关键看谁能让你平等，你能让谁平等。

平而后清，清而后明。

选自：司马光《盘水铭》

【大意】

水在平静不动后才见清澈，清澈以后才见光明。

【评说】

故事说，世界著名的文学家萧伯纳一次到苏联访问，在街头遇见一位聪明伶俐的小姑娘，就和她一起玩耍。离别时对小姑娘说，回去告诉你妈妈，今天和你玩的是世界著名的萧伯纳。不料那位小姑娘竟学着萧伯纳的语气说，你回去告诉你妈妈，今天和你玩的是苏联小姑娘卡嘉。

这件事给萧伯纳很大的震动，他感慨地说，一个人无论他有多大的成就，他在人格上和任何人都是平等的。

我们之所以活得痛苦，就是总想把自己看得高高在上。实际，高调与低调都没在调上。先让自己安静，再让自己平静。于是，内心一片光明。

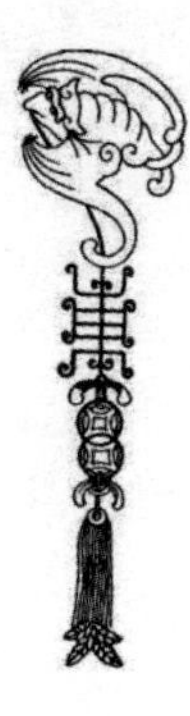

举事以为人者，众助之；举事以自为者，众去之。

选自：《淮南子》

【大意】

做事如果出于公心，自然会得到众人的帮助；若只考虑自己，即便身边的人也会离你而去了。

【评说】

春秋时期，卫献公因故出逃，后来又准备回国复位。到了城郊的时候，他心情欢悦，就想把一些土地奖赏给那些与他一起逃亡的人。

这时，大臣（太史）柳庄就说，您逃亡的时候，如果所有的人都在保卫国家，那么谁又鞍前马后地跟着您一起逃亡呢？如果大家都跟着您一起逃亡，那么又有谁来保卫这个国家呢？现在您一回国还没有进都城就有了偏心的想法，这样好像不太好吧？

卫献公听罢，心生惭愧，便停止了奖赏。

身为领导，赏罚应当分明，定要让人心服口服。这当中的尺度，便是平等公平。不要以自己的好恶来制定赏罚，应该以大局和全盘来衡定。这就是一碗水端平的道理。偏爱一些，忽视另一些，偏爱少数，忽视大多数，就失去了平等！

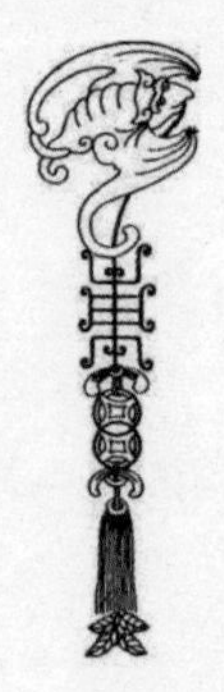

子曰：天下何思何虑？天下同归而殊途，一致而百虑。

选自：《周易·系辞传》

【大意】

孔子说：天下的人有什么样的思想，有什么样的忧虑呢？天下所有的思想都是归向同样的目标，但思考的角度与方法各不相同，而根本理念与目标却都是一致的。

成语“殊途同归”源出于此。

【评说】

天下人所想的都是一件事，所有的思想都是归向同样的目标，这个目标是什么呢？就是“利”。

所以，司马迁说，天下熙熙，皆为利来；天下攘攘，皆为利往。人们之所以奔忙，只是为了“利”而已。

但，利必须有前提，就是义。

在符合义的基础上获利才能长久。何为义呢？成全大部分人的利，就是义；侵损公众的利以肥自己的利，就是不道德。

若人人都在义的基础上获得利，人与人之间就是平等。

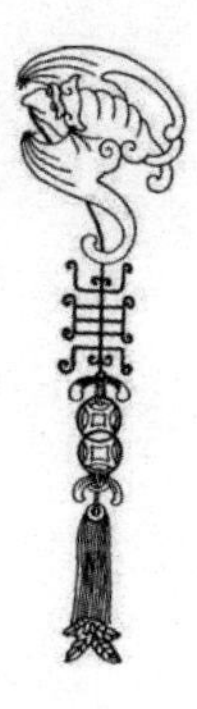

人人相亲，人人平等，天下为公，是谓大同。

选自：康有为《大同书》

【大意】

每个人都相亲相爱，互相帮助，每个人都处于一种平等的社会制度下，就是大同社会了。

大同，是人们理想中的社会，是一个要求所有人都无比纯洁的社会。给我们带来了美好的生活，我们只能约束好自己，才能维护好这个社会，这个世界。

【评说】

故事说，俄国作家屠格涅夫有一次在街上散步，一乞丐跪倒在地求道，先生，给我一点食物吧？

屠格涅夫寻遍全身无一点可充饥之物。只好说，兄弟啊，对不起，我没带吃的！

这时，那乞丐站起身，脸上挂着泪花，紧握作家的手说，谢谢你，我本已走投无路，打算讨点吃的后就离开这个世界。您的一声兄弟让我感到这世间还有真情在，您给了我活下去的勇气。

心中有爱，会平等地看待世界。一句“兄弟”救了一条命，还有什么比平等待人更令我们欣喜呢？

毁誉从来不可听，是非终久自分明。

选自：明·冯梦龙《警世通言》

【大意】

他人的评价：诋毁、诽谤与赞誉、荣耀，都是身外之物，若过于在乎，就是对心的惊扰了。真正的是非不在当下，待时间长久自然分晓。

【评说】

来说是非者，便是是非人。

不要以为把他人是非告诉你的人便是你的朋友。道人是非者，既然在你面前说他人的坏处，自然也会在他人面前说你的坏处。

乐于道人是非，是妒心过盛的原因，心里往往巴不得他人越来越倒霉，越来越困窘。

用洒脱淡泊名利，用包容释怀恩怨，用淡定看淡是非，用乐观看开纷扰。逢人不说是是非非。此刻，你便发现生活很平等，远没有想象得复杂。

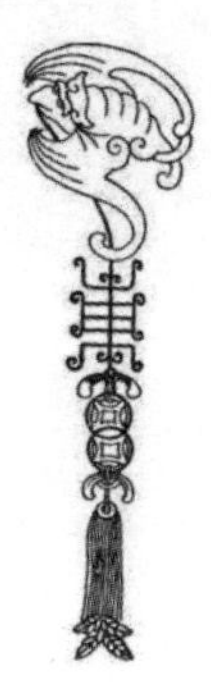

目贵明，听贵聪，心贵公。

选自：春秋《邓析子》

【注释】

《邓析子》，相传是郑国大夫、春秋末期思想家、“名辨之学”倡始人邓析所作。

【大意】

眼睛的可贵在于看清事实，耳朵的可贵在于听得明白，心的可贵在于平等公正。

【评说】

有一部分老百姓每天盯着新闻，看又有几个贪官落马。问他为什么这么关注反腐？他说这样很平等，谁让你贪那么多！

听罢觉得心里怪怪的。

还有人庆幸，幸亏自己没当官，幸亏自己没走仕途。看看，看看，这不倒台了嘛！

实际，这也是一种腐败。心里腐败。自己不好，便希望别人坏。于是，便不去努力，看谁不顺眼，就期盼谁倒霉。

人失去了奋斗和正直是个很可怕的事，反腐是每一个中国人的责任。普通市民所要做的不是窃窃私喜，也不是“吃瓜群众”，而是让自己善良起来，勇敢起来，乐观起来，不要把幸灾乐祸当成平等的力量。

子曰：射有似乎君子。失诸正鹄，反求诸其身。

选自：《中庸》

【大意】

孔子说：君子立身处世就像射箭一样，射不中，不怪靶子不正，只怪自己箭术不行。

【评说】

曾子强调“三省吾身”，而孟子的反省则更为具体，说，你爱护别人但人家不亲近你，就反省自己的仁爱够不够；你管理下属却管不好，就要反省自己才智够不够；你待人以礼对方不报答，就要反省自己恭敬够不够。任何行为如果没有取得效果，都要反过来检查一下自己。

若我们总觉得对方不理解自己，基本上是自己做得还不够好。若我们总看别人别扭，一定是自己修养还不够深。

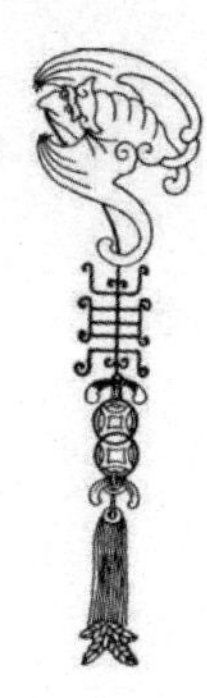

圣人不积。既以为人己愈有，既以与人己愈多。

选自：《道德经·第八十一章》

【大意】

一个得道之人，不存占有之心，尽力照顾他人，自己就更为充足；尽力给予他人，自己反而更丰富。

【评说】

一个人的长久快乐是来自于让别人快乐，甚至可以牺牲自己的快乐让别人快乐。假若，您只是自己快乐，其他人都不快乐，都倒霉，那您的快乐就快到头了。

无私，往往成就最大的自私。

譬如，焦裕禄的女儿焦守云。1966年，年仅13岁就登上天安门城楼，受到了毛泽东主席、周恩来总理等党和国家领导人的亲切接见，这样的际遇也使她成为那个年代万众瞩目的偶像。

1973年，刚满20岁的焦守云光荣地出席了党的十大，成为全国年龄最小的党代表，和党和国家领导人一起共商国是。作为毛主席请来的客人，她所在的开封代表团在北京受到了最好的礼遇：一下火车，这个团就被军用卡车接走，住楼房，睡在铺着军用被褥的地铺，吃白菜炒肉和大米饭，出门坐公交车靠一张代表证全部免票。

没有焦裕禄的无私，怎能成就焦家后代的荣耀？

天下莫柔弱于水，而攻坚强者莫之能胜，以其无以易之。弱之胜强，柔之胜刚。

选自：《道德经·第七十八章》

【大意】

普天之下再没有什么东西比水更柔弱了，而攻坚克强却没有什么东西可以胜过水。水的特点是，弱能胜过强，柔可胜过刚。

【评说】

在西湖散步。发现湖边所有的树都向着湖心长。仔细思考，不单西湖，所有见过的湖与河边的树都垂向或倒向湖水。树栽时都是直的，为什么最后却倒向水面呢？

道理很简单，水面有阳光反射，水分供给充足，不用号召，树自然向水的方向生长了。

老子讲“上善若水”便是这个道理。做人，不必张扬，只要你有足够的阳光和水分，即便像湖水一样低，还担心别人不向你走来吗？

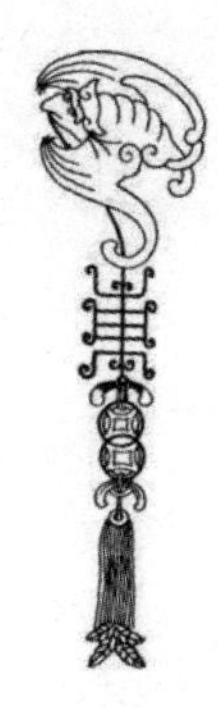

为己重者不仁，好广积者不义。足恭者无礼，贪名者无智。

语出：北宋·隐逸诗人·林逋

【大意】

自私的人不注重仁，挖空心思，只顾赚钱的人不注重义，过度谦恭者无礼，贪图名气者是个愚蠢之人。

【评说】

春秋时期鲁国制定了一道法律，有人在国外肯出钱赎回被卖为奴婢的同胞，国家就会给他们以赔偿和奖励。当时很多义士伸出援手，流落他乡的鲁国人因此得救，重返故国。

孔子的弟子子贡，也从国外赎回来鲁国人，但却拒绝国家的赔偿，情愿为国家奉献。但，孔子却大骂子贡伤天害理，祸害落难同胞。

子贡一下就蒙了，怎么做好事还遭老师批评？

孔子说，你的做法固然让自己赢得了声誉，但同时拔高了大家对“义”的要求。往后那些赎人之后去向国家要钱的人，可能再也得不到大家的称赞，甚至可能会被国人嘲笑，责问他们为什么不能像子贡一样为国分忧。于是，很多人就会对落难的同胞装作看不见了。因为他们不像你一样有钱，而且如果他们要求国家给补偿的话反而被人唾骂，很多鲁国人因此而不能返回故土呀！

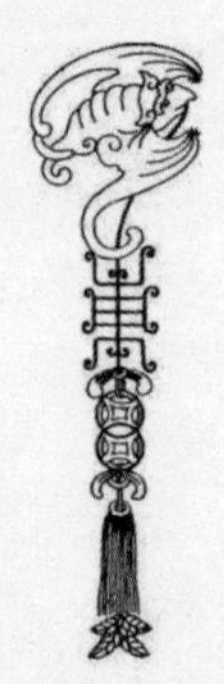

正直者，顺道而行，顺理而言，公平无私，不为安肆志，不为危易行。

选自：汉·韩婴《韩诗外传》

【大意】

所谓正直，就是顺道而行，依理而言，做到公平无私，不因为安逸而迷失志向，也不因为有危险而改变自己的操行。

【评说】

徒弟问禅师：师父啊怎么样才能做到平等待人？

禅师说：你回头看看我身后这扇门，它不是官衙，不是豪门，不是凯旋门，也不是败家门，它是千万年来的百姓门，它不是没有名字，它有名字，它叫做柴门，如果谁飞黄腾达了，忘记了这扇门，请他抬头看看天，多大的一只眼睛在盯着看呢。这也是我们永远的家门。

即便我们位置再高，走得再远，也要记得家门、莫忘初心哟！

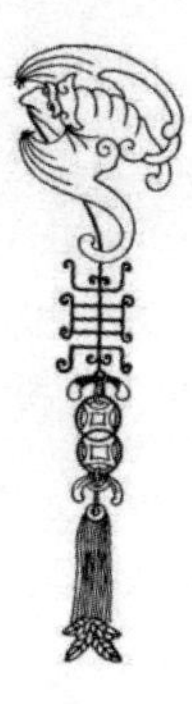

子曰：不患寡而患不均，不患贫而患不安。

选自：《论语·季氏第十六》

【大意】

孔子说：物质匮乏可以奋斗而获得，但令人担忧的是财富的分配不公；贫穷可以改变，而值得忧虑的是社会的不安定。

【评说】

孔融让梨的故事有个潜规则，告诉我们，明明想吃大个的梨也要违心说喜欢小个。于是，境界高的就吃亏。但父母不会让境界高的孩子吃亏，哥哥与弟弟谁谦让就把大个的梨或苹果给谁。多年以后，哥俩便学会了撒谎：明明想吃大的，偏说要吃小的。

咋办呢？

把俩梨平均切开，哥俩谁也别侥幸。此时，谁再把梨让对方多吃一口，就是境界，就是道德。这就是法治与德治并行。

无贵无贱，无长无少，道之所存，师之所存也。

选自：韩愈《师说》

【大意】

无论地位高低贵贱，无论年纪大小，道理存在的地方，就是老师存在的地方。意为，学问来不得半点虚伪，在其面前人人平等。

【评说】

明朝大臣徐存斋，到浙江督导教育行政及主持考试。有一个秀才在文章中用了“颜苦孔之卓”一句，意思是颜回因孔子之伟大难以超越而痛苦。

徐存斋给他把这句圈了，并批上“杜撰”二字，判为四等。

这个青年将要承受指责。于是，他手拿卷子向徐存斋请教，“苦孔之卓”这句话出自扬子《法言》一文中，实在不是吾杜撰的。

徐存斋听罢站起身来说，我这个人侥幸得很，当官太早，没有很好地做学问，今天承蒙你多多指教。于是将这个秀才的文章改判一等。

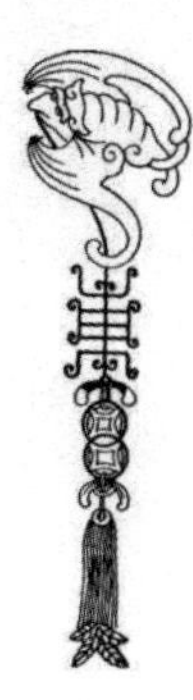

上安下顺，弊绝风清。

选自：宋·周敦颐《拙赋》

【大意】

上级宁静安分，下级顺遂着上级，杜会弊端就会绝迹，风气就会清明。

【评说】

齐灵公喜欢妇女穿男人服饰。于是，全国女人全都争相效仿，女扮男装。齐灵公很生气，因为他只喜欢宫内的女子这番打扮，没想社会上竟蔚然成风。便派官吏禁止，并指出：穿扮男人服饰的女子，撕破她的衣服，扯断她的衣带。

虽然人们都看见有人被撕破衣服，扯断衣带但还是不能禁止。

晏子进见时，灵公问道，我派出官吏禁止女子穿扮男人服饰，撕破她们的衣服，扯断她们的衣带，很多人都亲眼看见还是止不住。为什么啊？

晏子回答，您让宫内妇女穿扮男人服饰，却在宫外禁止它，就如同在门口挂牛头却在里面卖马肉，您为什么不禁止宫内女人穿扮男人服饰，那么外面也就没有人敢了。

灵公听罢，令宫内女人不要穿扮男人服饰，过了一个月，全国就没有女人穿扮男人服饰了。

圣人不积，既以为人己愈有，既以与人己愈多。

选自：《道德经·第八十一章》

【大意】

有德行的智者是不存占有之心的，而是尽力照顾别人，他自己也更为充足；他尽力给予别人，自己反而更丰富。

【评说】

有个故事。

很早以前，有人在沙漠迷失了方向，饥渴难忍，濒临死亡时，发现远处有一间废弃的小屋，便满怀希望地走了过去。

在屋前，他找到了一个汲水器。于是，用力抽水。可是，滴水全无。绝望之际，发现旁边有个水壶，壶口被木塞塞住，下面有一张纸条，写着，要先把这壶水灌进汲水器，才能打出水。走之前，一定要把水壶装满水。

他小心翼翼地打开水壶塞，发现水壶里果然有满满的清水。

怎么办?

这位沙漠中的饥渴之人，面临着艰难的抉择：是不是该按纸条上所说的，把这壶水倒进汲水器里？如果到进去之后，汲水器不出水，岂不白白浪费了这救命之水？相反，要是把这壶水喝下去，就会保住自己的性命。

他犹豫再三，终于下定决心照纸条上说的去做。他把水壶里的清水倒进汲水器，继续抽水。果然，汲水器中涌出了泉水。他痛痛快快地喝了个够。

于是，他把壶装满水，塞上壶塞，将纸条工整摆放。又去远行了。

当一个人学会了给予别人，照顾别人，体谅别人，内心世界就和十分平等了。

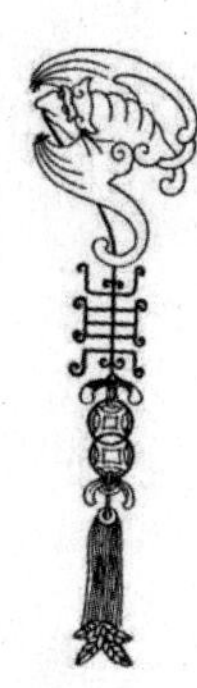

仁者必敬人。

选自：《荀子·臣道》

【大意】

有道德的人必定是尊重人的。

【评说】

人的内心里都渴望得到他人的尊重，但只有尊重他人才能赢得他人的尊重。

故事说，一个颇有名望的富商在散步时，遇到一个瘦弱的摆地摊卖旧书的年轻人，他缩着身子在寒风中啃着发霉的面包。

富商怜悯地将10块钱塞到年轻人手中，头也不回地走了。没走多远，富商忽又返回，从地摊上捡了两本旧书，并说，对不起，我忘了取书。其实，您和我一样也是商人！

两年后，富商应邀参加一个慈善募捐会时，一位年轻书商紧握着他的手，感激地说，我一直以为我这一生只有摆摊乞讨的命运，直到你亲口对我说，我和你一样都是商人，这才使我树立了自尊和自信，从而创造了今天的业绩……

一句尊重而鼓励的话，给了年轻人平等的信心。这位富商当初即使给年轻人再多钱，年轻人也断不会出现人生的巨变，这就是尊重的力量啊！

仁者，谓其中心欣然爱人也。

选自：《韩非子·解老》

【大意】

所谓的仁，就是说从心底里真诚、自然地去爱人。

【评说】

上世纪30年代的美国经济萧条。一日纽约的穷人区法庭上审理一个年近六旬的老太太，因偷盗面包她被告上了法庭。

法官审问道，被告，你确实偷了面包房的面包吗？

老太太低着头嗫嚅地回答，是的，法官大人，我确实偷了。

法官又问，你偷面包的动机是什么，是因为饥饿吗？

是的，老太太抬起头，两眼看着法官，说道，我是饥饿，但我更需要面包来喂养我那三个失去父母的孙子，他们已经几天没吃东西了。我不能眼睁睁看着他们饿死。

听了老太太的话，旁听席上响起叽叽喳喳的低声议论。法官敲了一下木槌，严肃地说道，肃静。下面宣布判决：被告，我必须秉公办事，执行法律。你有两种选择：1. 处以10美元的罚金；2. 处10天拘役。

老太太一脸痛苦和悔过的表情，她面对法官说，法官大人，我犯了法，愿意接受处罚。如果我有10美元，我就不会去偷面包。我愿意拘役10天，可我那三个小孙子谁来照顾呢？

这时，从旁听席上站起一个四十多岁男人，向老太太鞠了一躬，说道，请接受10美元的判决。说着，他转身面向旁听席上的其他人，掏出10美元，摘下帽子放进去，说，各位，我是现任纽约市市长拉瓜地亚，现在请诸位每人交50美分的罚金，这是为我们的冷漠付费，以处罚我们生活在一个要老祖母去偷面包来喂养孙子的城市。

法庭上顿时一片肃静。片刻，所有的旁听者都默默起立，每个人都认真地拿出了50美分，放到市长的帽子里，连法官也不例外。

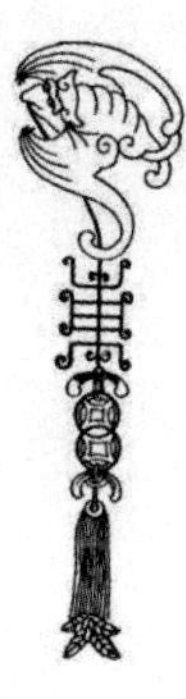

自信者不疑人，人亦信之；自疑者不信人，人亦疑之。

选自：《五典》

【注释】

《五典》：中国最古老的书籍之一。《三坟》《五典》《八索》《九丘》的说法最早见于《左传》，都是古书的名字。东汉末年的经学大师郑玄说，“三坟五典”就是“三皇五帝之书”。因此三坟即三皇之书，五典谓五帝之书。至于《八索》与《九丘》是指“八卦”与“九州之志”，一说是《河图》《洛书》。

【大意】

相信自己的人不怀疑别人，别人也相信他；怀疑自己的人也不相信别人，别人同样怀疑他。

【评说】

故事说，小男孩收集了很多石头，小女孩有很多的糖果。小男孩想用所有的石头与小女孩的糖果做个交换。小女孩同意了。小男孩就偷偷地把最大和最好看的石头藏了起来，把剩下的给了小女孩。而小女孩则如她允诺的那样，把所有的糖果都给了男孩。

那天晚上，小女孩睡得很香，而小男孩却彻夜难眠。

请问，小男孩为什么睡不着觉了？

继续往下看。

小男孩始终在想，小女孩是不是也跟他一样，藏起了很多糖果？

【公正篇】

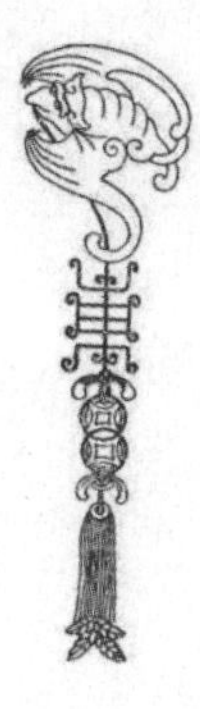

心如大地者明，行如绳墨者彰。

选自：西汉·刘向《说苑》

【大意】

人的心胸宽广，如大地一般，则开明；行动正直，像绳墨一样规矩，则通明。

【评说】

康熙持政六十年大庆，在千叟宴上敬了三杯酒。

康熙说，这第一碗酒朕要敬给太皇太后孝庄，敬给列祖列宗的在天之灵。朕八岁丧父，九岁丧母，是孝庄太后带着朕，冲破千难险阻，才有今天的大清盛世。孝庄太后，朕想你呀！

还有这第二碗酒，朕要敬给列位臣工，敬给天下子民，敬给今天赴宴的老同年们。六十年来，是你们辅佐朕保国平安，是你们俯首农桑，致使大清的百业兴旺，君、臣、民三者同德。没有你们，记着，便没有今日的大清。朕在这儿谢谢你们了！

这第三碗酒，朕要敬给朕的死敌们：鳌拜、吴三桂、郑经、噶尔丹，还有那个朱三太子，嗨，他们都是英雄豪杰啊，他们造就了朕哪，他们逼着朕立下了这丰功伟业。朕恨他们，也敬他们。哎，可惜呀，他们都死了，朕寂寞呀！朕不祝他们死得安宁，祝他们来生再世再与朕为敌吧！

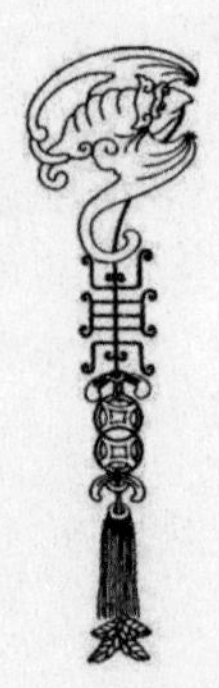

大君有命，开国承家，小人勿用。

选自：《周易·师卦》

【大意】

上天有过忠告，建功立业、治国理政，不要起用无德才的小人。

【评说】

魏征进谏唐太宗说，要使君子小人判然有别、是非分明，君王必须用恩德来安抚他们，用诚信来对待他们，用道义来勉励他们，用礼仪来节制他们，然后表扬善行，摒除劣迹，谨慎处罚，明白赏赐。

魏征继续说，如果这样做，小人就会无处藏身，君子就会自强不息，推行无为而治的治国方针，就为期不远了。如果表扬善行却不能发扬善行，摒弃劣迹却不能杜绝恶行，刑罚不加于有罪的人，赏赐不加于有功之臣，那么危亡之期，也许不久就要到来了！

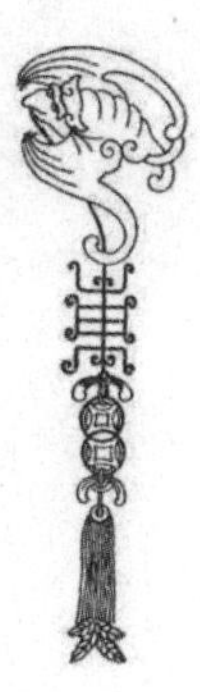

事莫明于有效，论莫定于有证。

选自：《论衡·薄葬》

【注释】

《论衡》一书为东汉思想家王充所作。即以“实”为根据，疾虚妄之言。“衡”字本义是天平，《论衡》就是评定当时言论的价值的天平。

【大意】

对事物最好的证明是看看它是否有效，对理论最好的检验是看它有没有依据。

【评说】

《广谈助》记录了这样一个故事：

有个人的邻居岳母死了，准备前去祭奠，并请私塾先生给撰写一篇祭文。私塾先生糊里糊涂，按照古书误抄了一篇祭岳父的文章，交给了他。这人看出了祭文的错误，责怪私塾先生太马虎，但私塾先生固执地说：古书上写的都是判定过的，怎么会错呢？只怕是他家死错了人吧！

请坚持实事求是，照搬照抄，犯教条主义，会闹出笑话的。

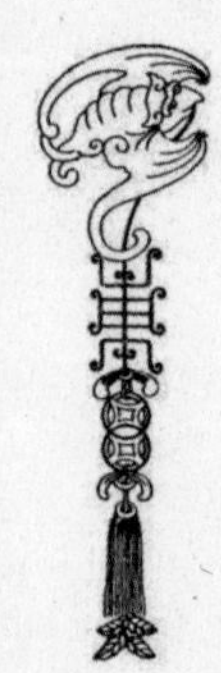

子游为武城宰。子曰：女得人焉尔乎？曰：有澹台灭明者，行不由径，非公事，未尝至于偃之室也。

选自：《论语·雍也》

【注释】

澹台灭明，复姓澹台，名灭明，字子羽，少孔子39岁。曾跟随孔子学习，孔子见他长相丑陋，认为没多大才能。

【大意】

子游做山东武城官长时，孔子问，你在那里得到什么人才了吗？

子游说，有位叫澹台灭明的，做事从不走小路捷径投机取巧，如果没有公事他从不到我屋里来，为人光明正大。

后来，澹台灭明往南游学到吴地（即楚国）。跟从他学习的有三百多人，其才干和品德传遍了各诸侯国。孔子后来感叹：以貌取人，失之子羽。

【评说】

大多人看《西游记》时都会想一个问题：唐僧的3个徒弟都会腾云驾雾，为什么不直接带着他飞到西天，非要慢慢吞吞地走，路途还经历那么多磨难呢？

长大后我们明白：人生没有捷径可走。不经过万里长途跋涉，是取不到真经的。

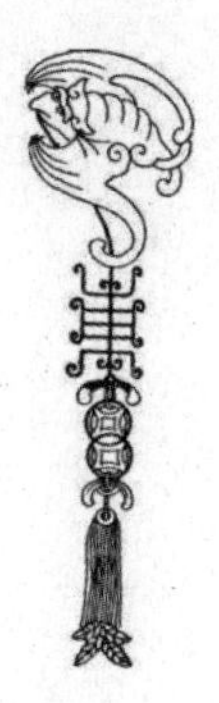

自天子以至于庶人，壹是皆以修身为本。其本乱而末治者，否矣。其所厚者薄，而其所薄者厚，未之有也！

选自：《大学》

【大意】

上自国家君王，下至平民百姓，人人都要以修养品性为根本。若这个根本被扰乱了，家庭、家族、国家、天下要治理好是不可能的。不分轻重缓急、本末倒置却想做好事情，这是从来没有的！

【评说】

东晋名将陶侃年轻时在江西浔阳县做小官，监管渔业。有一次，他叫人把一罐腌鱼送给母亲吃。母亲湛氏原封不动退还了他，并且写了一封信斥责儿子："你做了官，把官家的东西送给我吃。这不但对我没有益处，相反却增加了我许多的忧愁啊。"陶侃读信后遵从母训，后来领军出征，凡有战利品，都分给士卒，自己不留一点私货。

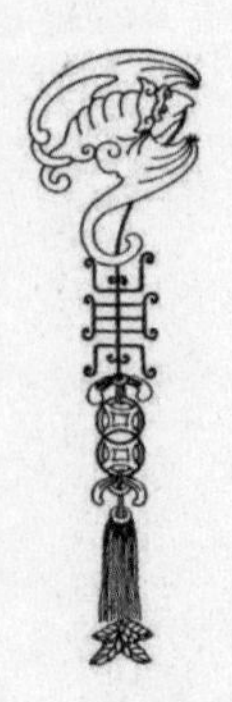

所谓修身在正其心者，身有所忿懥（zhì），则不得其正；有所恐惧，则不得其正；有所好乐，则不得其正；有所忧患，则不得其正。

选自：《大学》

【大意】

古人所说的修身，就是公正自己的内心。但是，人愤怒的时候不能公正，恐惧的时候也不能公正，有喜好和有忧虑的时候还是不能公正。

【评说】

一名武士疑惑地问白隐禅师，真的有天堂和地狱吗？

白隐禅师问他，你是做什么的？

我是一名武士。

你是一名武士？白隐禅师叫道，什么样的主人会要你做他的门客？看你的面孔，犹如乞丐！

武士听了非常愤怒，按住剑柄，作势欲拔。

哦，你有一把剑，但你的武器也太钝了，根本砍不下我的脑袋。白隐禅师毫不在意地说。

武士气得当真拔出剑来。

地狱之门由此打开，白隐禅师缓缓地说道。

武士心中一震，顿有所悟，接着，收起剑向白隐禅师深深鞠了一躬。

天堂之门由此敞开，白隐禅师欣然道。

生活里天堂与地狱只有一线之隔，全在于提高修养，把控情绪。今天，您怒了吗？

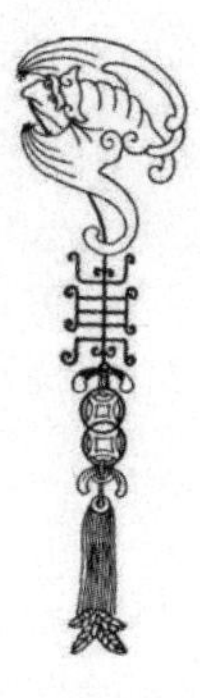

积善三年，知之者少；为恶一日，闻于天下。

选自：清代理学家·张伯行《困学录》

【大意】

长久积累善行，知道的人很少；一天做了坏事，必定会传于四方。因为恶名比善名传得快，千万要谨慎呀！

【评说】

明代有个纪检干部叫曹鼎，在一次捕盗贼的时候，抓了一名绝色女贼，由于离县衙路途遥远，夜宿在一座庙中。月光下，女贼千方百计地以色相来引诱他。曹鼎为提醒自己抵住诱惑，写了“曹鼎不可”四个字贴在墙上，以随时提醒自己不要失控。

过了一会儿，他想，在这荒郊野外，送到嘴边的“肉”吃了谁能知晓。于是他把纸撕了下来，欲破门而入。这时，他又感到不妥，这是因私欲而废公法的行为，不能做，退回来又把纸贴上。

再过一会儿，他歧念又生，他想，她是犯人，我做了坏事她也不敢说，于是又把纸撕了下来。可是刚要进门的时候，良知告诉他：这样不行，乘人之危是不道德的行为。又把纸贴了上去。

就这样贴了撕，撕了贴，折腾了一晚上，最后，曹鼎终于保住了清白之身。由此可见慎独是很难的，其思想斗争的激烈程度不亚于同盗贼兵刃相见。

大学之道，在明明德。

选自：《大学》

【大意】

大学，在这里不完全是大小之学。而是博采众长、惟精惟一、修心立命的通达之学。明明德，前一个“明”作动词，有使动的意味，即“使彰明”，　是发扬、弘扬之意。后一个“明”作形容词，明德也就是光明正大、不愧于天地的品德。

【评说】

人们一直以为满足私欲会让自己快乐，没想却堕入不能自已的痛苦。因为那快乐很短暂，短暂后还要追求更大，更长久的快乐，这便是痛苦。

任何一种私欲都会无限膨胀，从而污染和蒙蔽最初纯净的心灵。若此时还大喊“不忘初心”就是执迷不悟了。

黯然无光的心则丧失了分辨善恶、识别美丑的能力。怎么办呢？需要涤除心灵的尘垢和肮脏，使之恢复光明普照的本质。这便是一颗明亮而公正的心了。

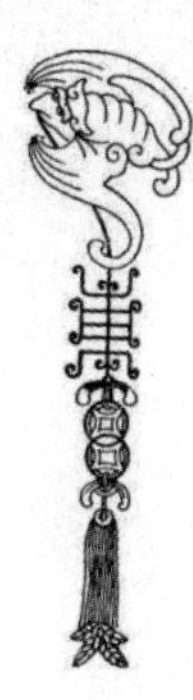

义士不欺心，廉士不妄取。以财为草，以身为宝。

选自：汉·刘向《说苑·丛谈》

【大意】

注重义的人不欺骗内心，注重廉的人不妄取财物。人生应轻财重德，把钱财视如草芥，把自身的品德视为至宝。

【评说】

苏东坡担任徐州知府时五十岁，家人要为其祝寿，苏东坡一再制止，并嘱咐家人不准宣扬。

谁料，寿辰这一天，来了一个送礼人，双手抱着一盆盛开的月季花，家人便问，请问尊姓大名，有何事？

来者说，我叫赵钱孙李，来祝寿的。

家人听罢，奇怪地笑道，哪有这样的名字呢？

来者说，我本姓赵，右邻姓钱，左邻姓孙，对门姓李，知府大人今年五十大寿，大家推荐我送一盆月月红，给知府大人做寿礼。

家人听后，知是百姓心意，本想收下，但大人从不收礼，只好叫来者说出理由。那人思忖片刻，道出，花开花落无间断，春去春来不相关。但愿大人常康健，勤为百姓除赃官。

家人把诗送给苏东坡看后，便出来亲自收下那盆月季花，笑着咏诗道，赵钱孙李张王陈，好花一盆黎民情；一日三餐抚心问，丹心要学月月红。

守正直而佩仁义。

选自：朱熹《宋名臣言行录》

【大意】

为人要恪守正直之心，而且要奉行仁义的德行。

【评说】

法国著名思想家、文学家卢梭小时候家里很穷，为求生计，到一个伯爵家去当小佣人。伯爵家的一个侍女有条漂亮的小丝带，很讨人喜爱。一天，卢梭趁没人的时候，从侍女床头拿走小丝带，跑到院里玩赏的时候被伯爵发现了。伯爵大为恼火，厉声追问起来。

卢梭紧张极了，心想，如果承认丝带是自己拿的，那他一定会被辞退。以后再找工作，可就更难了。他结巴了好大一会儿，最后竟撒了个谎，说丝带是小厨娘玛丽永偷给他的。

伯爵让玛丽永过来对质。善良、老实的小玛丽永一听这事顿时蒙了，一边流泪，一边说，不是我，决不是我！

可卢梭呢？却死死咬住了玛丽永，并把事情的所谓“经过”编造得有鼻子有眼。

伯爵恼火了，索性将卢梭和玛丽永同时辞退了。当两人离开伯爵家时，一位长者意味深长地说，你们之中必有一个是无辜的，说谎的人一定会受到良心的惩罚！

这件事给卢梭带来终身的痛苦。他在《忏悔录》中说，这种沉重的负担一直压在我的良心上，常常使我苦恼得睡不着，便看到这个可怜的姑娘前来谴责我的罪行……

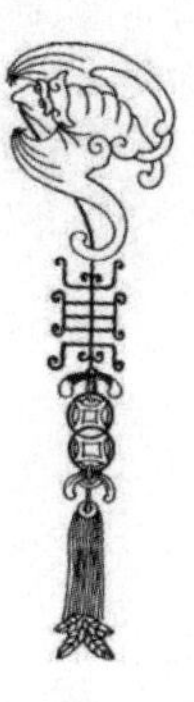

平出于公，公出于道。

选自：《吕氏春秋》

【大意】

公平源于公正，公正源于道义。

【评说】

2005年上海世乒赛，中国选手刘国正对德国选手波尔，胜者进入下一轮，负者则打道回府。

在第7局也是决胜局里，刘国正以12比13落后，再输一分就将被淘汰。就是这关键的一分，刘国正的一个回球偏偏出界了！

极度沸腾的场馆顿时寂静无声，观众们不敢相信眼前的一切，刘国正自己好像也蒙了，愣愣地站在那里；波尔的教练已经开始起立狂欢，准备冲进场内拥抱自己的弟子。

就在这一瞬间，波尔却优雅地伸手示意，指向台边——这是个擦边球，应该是刘国正得分。 就这样，刘国正被对手从悬崖边“救”了回来，而且最终反败为胜。

这个球是否擦边或许只在0.01厘米之间，观众看不到，对手也看不太清楚，即便是裁判也可能错判。但是，波尔却毫不犹豫地选择了主动示意。波尔失利了，同时赢得异国观众雷鸣般的掌声。

赛后，当有记者问，你当时向裁判示意那个球擦边的时候心里是怎么想的？你知不知道如果这个球没有被判为擦边，胜利便已属于你？

波尔平静地回答着，我当然知道，我也十分渴望拿下这场球。可是我看见球擦边了就是擦边，我示意的时候什么也没有想。我觉得比赛应该是公正的，我必须这么做，公正让我别无选择！

荀子曰：绳墨之起，为不直也。

选自：《荀子·性恶》

【大意】

荀子说：木匠之所以发明打直线的墨线，是因为存在不直的东西。

【评说】

刘邦刚刚安定天下时，为了安抚人心，就简易行事，废除了秦朝以前的各种规矩。结果大臣们纪律意识涣散，饮酒作乐日夜不休，还时常为了论功行赏争得不可开交，甚至有人喝醉了就大喊大叫，还拔出佩剑击打殿堂的石柱。这让刘邦十分头疼。负责拟定礼仪的叔孙通便用一个多月的时间制定了一套简便易行的行为规范，于是大臣们都肃敬有礼、进退有节，上上下下秩序井然。

生活里，人有善恶，事有曲直。所以，要设立礼法制度管理和惩罚，设立道德准则导恶为善、转曲为直。如此，才能形成公序良俗。

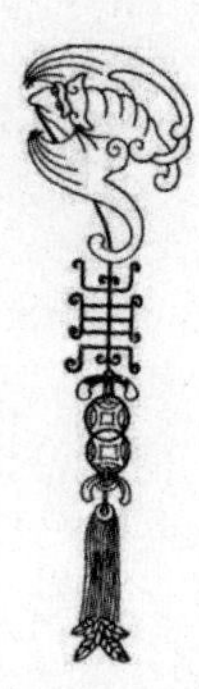

聪明则视听不惑，公正则不迩谗邪。

选自：韩愈《释言》

【大意】

耳聪目明，则所见所闻不受迷惑；公正无私，则不会接近邪恶谗言。

【评说】

齐景公的一匹良马被养马人养死了。齐景公因为心疼而欲怒杀养马人。晏子则正话反说，数说养马人的罪状：你犯了三大死罪，罪该万死。国君让你养马你却把马养死，这是一大死罪；所死之马又是国君最喜爱的，这是二大死罪；因为你养死了马而使国君杀人，百姓听说之后一定会怨他，诸侯听说之后一定轻视我国。你养死了国君之马，使百姓生出怨恨，使邻国轻视我们，这是第三大死罪。今天要把你问斩，你知罪吗？

齐景公听出话中有话，因为一匹马而杀人，这种做法显然是错误的，于是喟然而叹说，请您把他放了吧，不要伤了我的仁爱之名！

不要因为私欲和怒气坏了大事，我们不是齐景公，身边可没有晏子哟！

竹死不变节，花落有余香。

选自：唐代诗人邵谒诗作《金谷园怀古》

【大意】

竹子即使是死了，也不会改变它坚实的骨节；花儿即使飘落到地上，也依然保留着残余的芳香。

【评说】

东汉时期大臣羊续虽然历任庐江、南阳两郡太守多年，但从不请托受贿、以权谋私。他到南阳郡上任不久，属下的一位府丞给羊续送来一条当地有名的特产——白河鲤鱼。羊续拒收，推让再三，这位府丞执意要太守收下。

当这位府丞走后，羊续将这条大鲤鱼挂在屋外的柱子上，风吹日晒，成为鱼干。后来，这位府丞又送来一条更大的白河鲤鱼。羊续把他带到屋外的柱子前，指着柱上悬挂的鱼干说，你上次送的鱼还挂着，已成了鱼干，请你一起都拿回去吧。这位府丞甚感羞愧，悄悄地把鱼取走了。

此事传开后，南阳郡百姓无不称赞，敬称其为“悬鱼太守”，也再无人敢给羊续送礼了。明朝名臣、民族英雄于谦有感此事，曾赋诗曰：

剩喜门前无贺客，
绝胜厨内有悬鱼。
清风一枕南窗下，
闲阅床头几卷书。

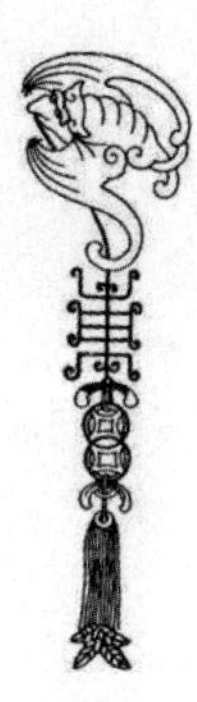

一心可以丧邦，一心可以兴邦，只在公私之间尔。

选自：宋·《二程语录》

【大意】

一种心可以导致亡国，一种心可以使国家兴盛。这两种心只是公与私之间的一念之差而已。

【评说】

董宣是东汉光武帝刘秀建武年间的京都洛阳令。光武帝建武十九年，光武帝的姐姐湖阳公主家府中的一个男仆，仗势杀人后藏进主人家府。董宣便设计、追讨，把这个杀人犯抓住，并当着湖阳公主的面，把杀人犯斩决。

湖阳公主到光武帝前告状，光武帝大怒，召来董宣，准备下令处死董宣。董宣毫不畏惧，并反问刘秀：陛下，要天下，还是要包庇杀人犯？

光武帝无言以对，只得放了董宣。然而湖阳公主不依，光武帝下不了台，只得命董宣向湖阳公主叩头认错。不料董宣更不依，两手撑住地面，左右侍臣强按他的头，他硬是不肯叩头，不给面子。光武帝无可奈何，只得训斥董宣：强项令出！

强项，即颈项强直不曲，这实际上宣布董宣无罪，而又给以赞美之词。果然事后发给他不少赏赐。

天无私，四时行；地无私，万物生；人无私，大亨贞。

选自：汉·马融《忠经》

【大意】

天没有私心，才能使春夏秋冬循序运行；地没有私心，才能使万物生生不息；人没有私心，做事才能亨通中正。

【评说】

善莫大于忠，恶莫大于不忠。与人相处，无论领导和下属、父母与子女、丈夫与妻子、兄弟与姐妹以及朋友、同学、战友、甚至合伙人，无外乎各尽其忠罢了。

正人君子尽忠，是以善心而出；虚伪小人也有忠，但所出力偏离了良心。因为，被金钱与美色收买的忠也必将出卖给下一个金钱与美色。

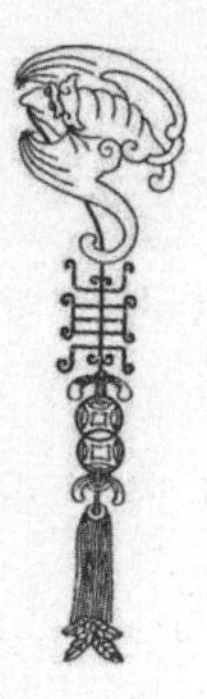

临凝结而能断，操绳墨而无私。

选自：东晋医学家·葛洪《抱朴子》

【注解】

凝结：指难分难解的纠葛。
操：掌握。
绳墨：本是木工打直线的工具，比喻规矩或法度。

【大意】

遇到纠葛而能作出决断，掌握法度而无所偏私。

【评说】

人的心是一扇窗户。玻璃脏了，我们看世界的眼睛就会受到阻碍。或阴暗，或偏执，或狭隘，或迷茫，或迷失。心里阴暗，就有失公正；心里偏执，就有失坦荡；心里狭隘，就有失通达；心中迷茫，就难分善恶；心中迷失，就走向罪恶。把玻璃擦干净，让阳光照射进来。心一明亮，世界吉祥！

荀子曰：以仁心说，以学心听，以公心辨。

选：《荀子·正名篇》

【大意】

荀子说：以仁慈的心来说话，以求知的心来听别人的言论，以公正的心来辨别是非。

【评说】

公正，就是不掺杂个人的私利，不偏向某一方。人们为什么不公正呢？为了利益。为什么有人坚持公正呢？为了良心。我们可以失去一切，但就是不能失去良心。没有良心的人行走在路上，等同于害人的魔鬼

用良心换走了公正，最初会有罪恶的快感，但随着时间的推移越来越寝食难安。所以，请坚持公正，这是对自己忠诚的承诺。

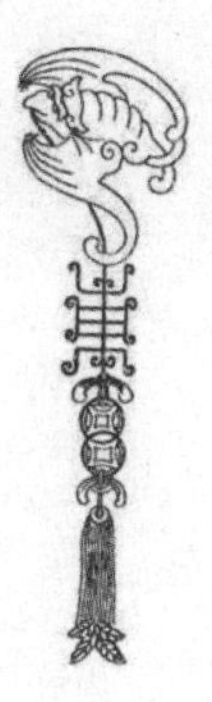

持心如衡，以理为平。

选自：明·刘伯温《郁离子》

【大意】

每个人的心中都要有一杆秤，这杆秤就是衡量、辨别善恶的标准；为人处世要依据规律、是非得失的标准，才可以行得通。有两条线不能突破：一是道德底线，二是法律红线。

【评说】

你说的正确我便听从，我不是听从你，而是听从道理。我本不是在奉承你，这其中又有什么私念呢？

你说的不对，我就不会听从，我不是不听从你，而是不听从不对的道理。我对你没啥意见，也没啥职责。这其中又有什么可怀疑的呢？

夫水至平而邪者取法，镜至明而丑者无怒，水镜之所以能穷物而无怨者，以其无私也。

选自：东晋·习凿齿 《汉晋春秋》

【大意】

水最公平，即便是邪恶不法之徒也会以它作为行为准则；镜子最明亮，即便是容貌丑陋的人在它面前也没法抱怨和发怒；水和镜之所以能够包容天下而让人心悦诚服，是因为它们最无私。

【评说】

《吕氏春秋》记载了一个“外举不弃仇，内举不失亲”的公正无私故事。

南阳缺个地方官。晋平公问老臣祁黄羊，你看谁可以当这个官？

祁黄羊说，解狐这个人不错，他比较合适。

平公很吃惊，解狐不是你的仇人吗？

祁黄羊笑答，您问的是谁能当这个官，不是问谁是我的仇人呀。

平公认为祁黄羊说得有理，就派解狐去南阳做县官。解狐上任后，为当地办了不少好事，受到南阳百姓普遍好评。

过了一段时间，平公又问祁黄羊，现在朝廷里缺一个法官，你看谁能担当这个职务？

祁黄羊说，祁午能担当。

平公又觉得奇怪，祁午不是你的儿子吗？

祁黄羊说，祁午确实是我的儿子，可您问的是谁能去当法官，而不是问祁午是不是我的儿子。

平公很满意祁黄羊的回答，于是又派祁午当了法官，后来祁午果然成了能公正执法的好法官。

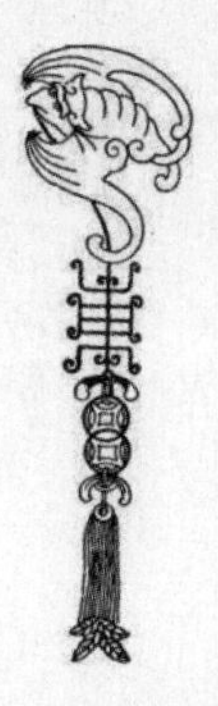

正直者顺道而行，顺理而言，公平无私，不为安肆志，不为危易行。

选自：汉·韩婴《韩诗外传·卷七》

【大意】

正直的人沿着正道行事，按照道理讲话，公正无私，不因为安逸富贵而放纵意志，也不因为危难而改变言行。

【评说】

以为社会很公平，所有人都正直，那是我们幼稚；认为社会不公平，所有人都在搞欺骗，那是我们卑劣。

如何是好？

1. 内不欺己，外不欺人；

2. 角色做事，本色做人；

3. 不听阿谀话，不做偷情事；

4. 把正直当做房贷一样珍惜，失去一次便上了黑名单；

5. 坚持正直，努力坦荡。虽然不会带来特别丰硕的成果，但至少告诉我们，自己没有堕入罪恶。

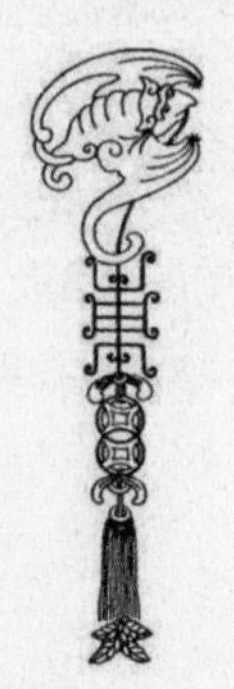

公则四通八达，私则一偏而隅。

选自：明·薛宣《从政名言》

【大意】

正直、正义，为众多人考虑利益，把方便给大家，则会得到很多人拥护，从而畅通无阻；自私自利，一切以自我为中心，则如同钻进牛角尖，就会越来越狭隘，越来越偏执，从而自断前程。

【评说】

自古至今，能够成就自己的都是因为无私。把自己的利益置于众人之后，却能得到大家的推崇而占先；把自身的功劳置于度外，则能保存自己的心安而长久。

无私，就是最大的自私。

一个人永远不会通过危害别人而最终成功。所以，你越是想让自己成功，你就越得帮助别人成功。不付出的人，如同把春天的种子紧抓在自己手里，不向土地播种，到了秋天如何收获？

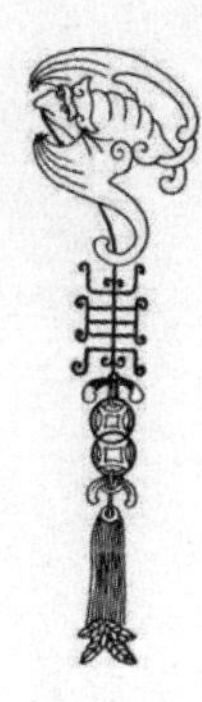

道民之门，在上之所先。召民之路，在上之所好恶。

选自：《管子·牧民》

【大意】

引导下属和百姓走什么门路，没有必要三令五申，只看领导提倡什么；号召下属和百姓走什么途径，要看领导的好恶是什么。

【评说】

有一天，齐景公欢宴文武百官，席散以后，一起到广场上射箭取乐。每当齐景公射一支箭，即使没有射中箭靶的中心，文武百官都是高声喝彩，好呀！ 妙呀！真是箭法如神，举世无双！

事后，齐景公把这件事情对他的臣子弦章说了一番。弦章对景公说，这件事情不能全怪那些臣子，古人有话说“上行而后下效”。国王喜欢吃什么，群臣也就喜欢吃什么；国王喜欢穿什么，群臣也就喜欢穿什么；国王喜欢人家奉承，自然，群臣也就常向大王奉承了。

景公听了弦章的话，认为弦章的话很有道理，就派侍从赏给弦章许多珍贵的东西。弦章看了摇摇头，说，那些奉承大王的人，正是为了要多得一点赏赐，如果我受了这些赏赐，岂不是也成了卑鄙的小人了！

成语“上行下效”源出于此。

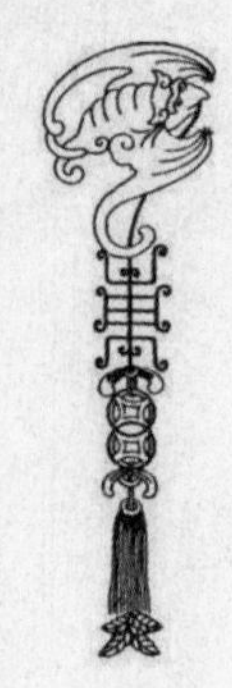

君之所以明者，兼听也；其所以暗者，偏信也。

选自：汉·王符《潜夫论·明暗》

【大意】

领导所以贤明是因为能够听取多方面的意见，之所以昏庸是因为偏听一方的片面之词。

【评说】

有一次，魏征与唐太宗李世民争得面红耳赤。退朝以后，太宗憋了一肚子气，见了妻子长孙皇后气冲冲地说，我要杀死这个乡巴佬！

长孙皇后问，不知陛下想杀哪一个？

太宗说，还不是那个魏征！他总当着大家的面侮辱我！

长孙皇后听了，一声不吭，回到自己的内室，换了一套朝见的礼服，向太宗下拜。

唐太宗惊奇地问，你这是干什么？

长孙皇后说，我听说英明的天子才有正直的大臣，现在魏征这样正直，正说明陛下的英明，我怎么能不向陛下祝贺呢！

一番话就像一盆清凉的水，把太宗满腔怒火浇熄了。

公元643年，魏征病死。唐太宗流着泪说，人以铜为镜，可以正衣冠；以古为镜，可以知兴替；以人为镜，可以知得失。魏征没（mò），朕亡一镜矣！

若我们身边有人提出意见或批评的声音，实在值得庆幸，因为那正是一面明亮的镜子呀！

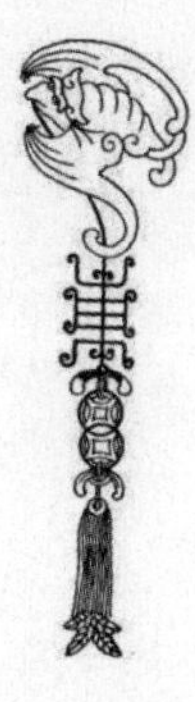

大其牖天光入，公其心万善出。

选自：陕西省榆次古县衙对联

【注释】

牖（yǒu）：古代院落由外而内的次序是门、庭、堂、室。进了门是庭，庭后是堂，堂后是室。室门叫"户"，室和堂之间有窗子叫"牖"，室的北面还有一个窗子叫"向"。上古的"窗"专指开在屋顶上的天窗，开在墙壁上的窗叫"牖"。现统指窗户。

【大意】

屋内没有阳光，是因为没有打开窗户。而公心，就是心灵的窗户，若经常隐蔽，就会阴暗。只有以公心对人、对事，才是善的根本。

【评说】

社会上有这样一种人，驾驶一辆飞速的跑车，却把牌照遮挡起来，马达轰鸣，无所顾忌。为了自己过瘾，宁可损伤一街安宁；为了煮熟自己一锅鸡蛋，不惜烧毁全村的房屋。

而，这个遮挡号牌的人却受到表扬，因为第一个到达终点。有人说他闯红灯了，你说英雄不问来处。那个烧了全村房屋的凶手，给每个裁判一个鸡蛋，裁判体验着浓郁香甜和营养美味，竟然不知道那是刀头舔血、饮鸩止渴。

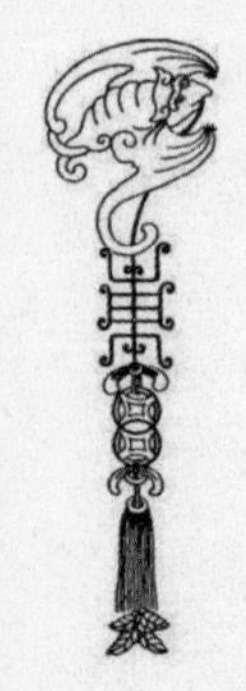

天长，地久。天地之所以能长且久者，以其不自生也，故能长生。

选自：《道德经·第七章》

【大意】

天长地久。天地所以能长久存在，是因为它们不为了自己的生存而自然地运行着，所以能够长久生存。

【评说】

弟子问禅师：人们为什么喜欢天长地久？

禅师：因为自私。

弟子：自私的人不会天长地久吗？

禅师：秦始皇死了，你知道吗？

弟子：这还用说？

禅师：秦始皇想天长地久都不成，普天之下，谁还可以？

弟子：莫非这世界没有天长地久？

禅师：有。天和地从来不自私，为万物生长而运行，这是天长地久。

弟子：我明白了。一个人，为他人、为社会、为国家、为民族、为人类而生生不息，才会天长地久。

禅师：为自己的单位、自己的家庭、自己的组织、自己的城市，甚至自己的微信群服务，也是天地。因为别人会把你当成天地。被别人当成天地的人，就叫天长地久。

弟子：那我们就努力，成为别人的天空和大地！

禅师：我与你一起努力！

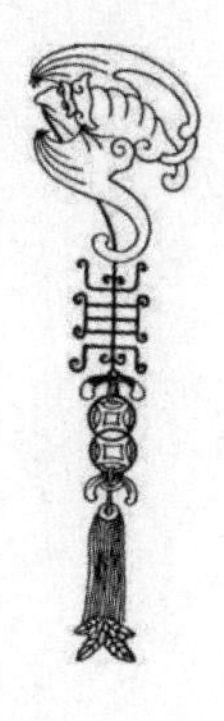

庄子曰：名也者，相札也；知也者，争之器也。二者凶器，非所以尽行也。

出自：《庄子·人间世》

【大意】

庄子说：追逐名声，是人们互相倾轧的原因；耍小聪明，是互相争斗的工具。二者都像是凶器，不可以将它推行于世呀！

【评说】

有朋友让我帮他微信投票，我说我投不管用。

朋友说谁投都可以，关键看票数。

我说，你选的是十大好人，而我是个坏人，坏人给好人投票，那你是好人还是坏人呢？

没有人不明白，微信投票考的是人情。若把结果依托在微信投票，则评模范和评精英比的不是道德与贡献，评大奖比的也不是水平，比的都是人情。看谁朋友多，看谁关系广，看谁脸皮厚。

若把微信投票当成评判的手段，就是在鼓励全民说谎，全民造假，全民欺骗。你非要人家投你一票的意思：与我一起伪善吧！

先去私心，而后可以治公事；
先平己见，而后可以听人言。

选自：《格言联璧》

【大意】

去除心中的私欲，处理公事才能公平；去除心中的成见，才能听得进别人的忠言。

【评说】

一切背叛了公正的成绩，都叫小偷；一切背叛了公正的荣誉，都叫盗贼；一切背叛了公正的审判，都叫刽子手！

当我们心中充满了私欲时，便听不进别人意见而独断专行。实则，这是对心灵的行贿。

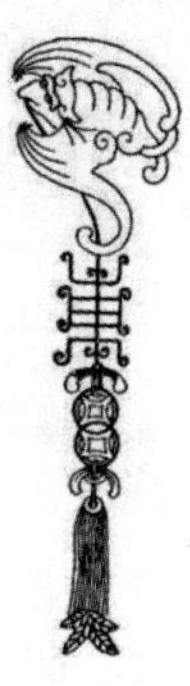

名心胜者必作伪。

选自：清·李惺《冰言》

【大意】

名利心重的人一定会弄虚作假。

【评说】

现实生活中，不乏为了沽名钓誉而弄虚作假的人。而这些追名逐利以作假为生的伪君子又能堂而皇之地暂登上大雅之堂。

若一个社会容忍造假，宽容造假，就是要灭亡的征兆。若敌人来犯，枪炮是假的，会任人欺凌，受人奸辱，成为亡国奴吗？

甲午战争的致远舰够大了，清政府一直以为世界第一。没想从慈禧到清兵都在作假。花那么多亿白银修一座假花园，叫颐和园；花那么多亿为一个思想腐朽、即将死去的人过生日，叫老佛爷；花那么多亿打造的致远舰，开战时竟然有哑炮。

一百多年过去了，我们是否痛定思痛、知耻后勇？不堪回首的中国，柔肠百结、痛不欲生呀！

君子独处守正，不桡众枉。

选自：《汉书·刘向传》

【注解】

桡（ráo）：屈服。

众枉：许多邪曲小人的。

【大意】

一个正人君子，即便在一个人独处的时候，也不去胡思乱想，仍然保持公正平和的内心，绝不会与小人为伍。

【评说】

任何一种公正都是来源于内心的坦诚，绝不是表演给别人看的，也决不能因为利益的驱使而去“公正”。正如兰花生长在幽静偏僻的山谷中，并不因没有人采撷佩戴而不吐出迷人的芳香。

一个人独处的时候，便是考验他立场是否坚定、修养是否高深、人格是否完备的时候。所以，面对无人约束的和无人管制，依然管好自我，不去放纵，才是巨大的内在力量。

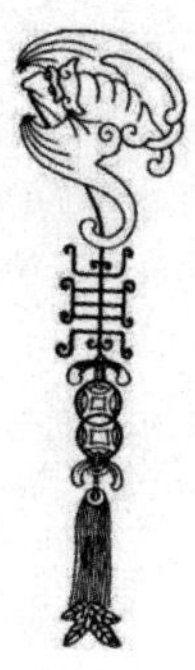

【法治篇】

法令所以导民也，刑罚所以禁奸也。

选自：《史记·循吏列传》

【大意】

法令是用来引导百姓的，刑法是用来禁止奸恶的。

【评说】

孔子说，政令过于宽容，百姓就会轻慢无礼，这时就要用严厉的律法来约束他们；过于严厉，百姓又可能凋残不堪，这时则要用宽松的政令来缓和他们的处境。用宽容来约束残弊，用严厉来整顿轻慢，这样才能做到人事通达，政风和谐。

法治，如同猛烈的大火，人看了就感到害怕，因此很少有人被烧死；宽容，好比平静的河水，人们喜欢接近嬉戏，却往往因此被淹死。所以，法治与德治应该双措并举！

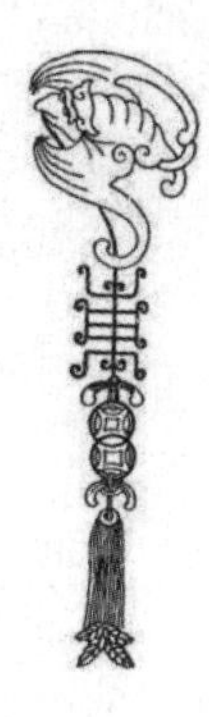

法者，所以兴功惧暴也；律者，所以定分止争也；令者，所以令人知事也。

选自：《管子·七臣七主》

【大意】

法，是用来提倡立功威慑行暴的；律，是用来明定本分制止争端的；令，是用来命令人们管理事务的。

【评说】

董安于是晋国大臣，到山西上党地区任职。有一次在山中行走，看见山沟极深，山崖陡得如同墙壁，于是问深涧附近居住的人：有没有人曾经掉入山谷？

回答说：没有。

又问：婴儿、痴呆聋人、发疯的人，有没有曾经掉入山谷？

回答说：没有。

又问：牛马狗猪有没有曾经掉入？

回答说：没有。

董安于感慨地长长叹了口气说：我能治理这个地方了。我制定的法令，让其没有可以赦免的情况，就如同人们掉进山沟里必死无疑一样，那么就没有人敢触犯，还有什么不能治理的呢？

奉公如法则上下平，上下平则国强。

选自：《史记·廉颇蔺相如列传》

【大意】

奉公守法，就会全国上下安定，上下安定国家就会富强。

【评说】

明朝宰相吕文懿辞掉宰相的官位，回到家乡来。因为做官清廉公正，全国人都非常敬仰他。独独有一个乡下人，喝醉酒后辱骂他，但是吕公并没有因为被他骂而生气，并向自己的佣人说，这个人喝醉酒了，不要和他计较。吕文懿就关门休息，不再理睬他了。

过了一年，这个人犯了死罪入狱。吕文懿方才懊悔地讲，若是当时同他计较，将他送到官府治罪，可以藉小惩罚而收到大儆戒的效果，他就不至于犯下死罪了，我当时只想心存仁厚，没想到反而纵容了他的恶习，以至于到了今天这个地步。

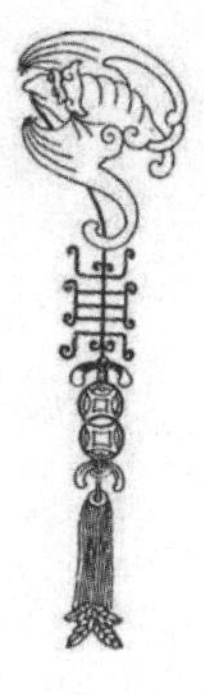

法，国之权衡也，时之准绳也。权衡所以定轻重，准绳所以正曲直。今作法贵其宽平，罪人欲其严酷，喜怒肆志，高下在心，是则舍准绳以正曲直，弃权衡而定轻重者也，不亦惑哉？

选自：《贞观政要》

【大意】

法律，犹如国家的准绳和天平。天平是用来称重量的，准绳是用来测定曲直的。法律贵在宽大公平，若判人之罪却极其严酷，法律轻重又全由人的喜怒而定，这就等于舍掉准绳来端正曲直，抛开权衡来确定轻重，怎能不令人迷惑不解呢？

【评说】

要使事物合乎正义公平，须有毫无偏私的权衡；法律恰恰正是这样一个中道的权衡。

——亚里士多德

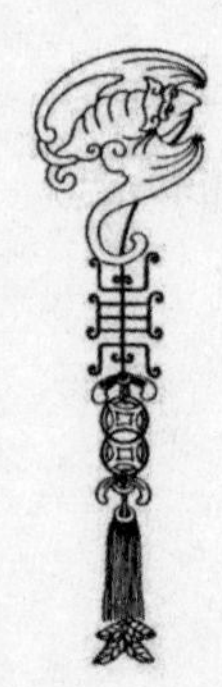

法者，天下之仪也，所以决疑而明是非也，百姓所县命也。故明王慎之，不为亲戚故贵易其法，吏不敢以长官威严危其命。

选自：《管子·禁藏》

【大意】

法，是天下的仪表，是用来解除疑难而判明是非的，是与百姓生命攸关的。所以明君对于法非常慎重，绝不为亲故权贵而改变法律，他的官吏也就不敢利用长官权威破坏法令，百姓也就不敢利用珠宝贿赂触犯禁律了。

【评说】

法律，是写在纸上的，违反者要用自由和生命来换取；法官，是在法院的公务员，最高的领导就是法律！

每个法官要做到三件事：

以温暖的目光看人；

用冰冷的目光看事；

用一颗公心让罪人获罪。万万不能将罪人获释，不然法官就会成为罪人！

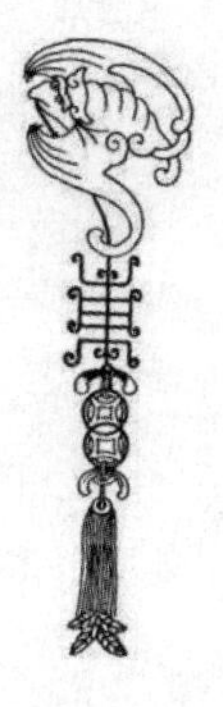

墨子曰：天下从事者，不可以无法仪。无法仪而其事能成者，无有。

选自：《墨子·法仪》

【注释】

法仪即法度、准则之意。

【大意】

墨子说：任何的从业者，不能没有法则；没有法则而能把事情做好，是从来没有的事。

【评说】

有法律才能保障人的善良，人越来越善良，法律才越有保障。当一项法律，让诸多恶人都恨得咬牙切齿，那这项法律就是美好的，成功的。法律在各种社会调整措施中具有至上性、权威性和强制性，但绝不是当权者随意的任性。

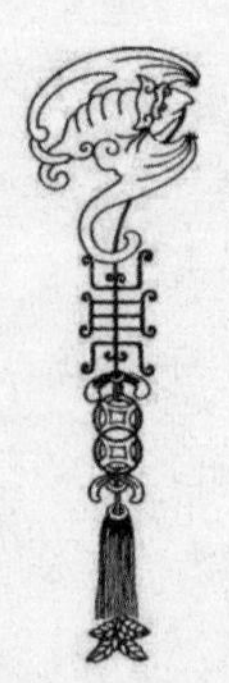

夫明王不美宫室，非喜小也；不听钟鼓，非恶（wù）乐也，为其伤于本事而妨于教也。

选自：《管子·禁藏》

【大意】

明主不建造华丽的宫殿，不是因为他喜欢简陋的房屋；不听钟鼓之音，也不是因为他讨厌音乐。而是因为居上位的人有哪一种爱好，在下面的人必定爱好得更厉害。如此一来，就会伤害农业生产，妨碍教化推行。

【评说】

为什么对办公用房的面积要求如此之严，空闲的房子不也是浪费吗？

很多人不理解“统筹制定领导干部办公用房”的意义。实则，这是一种管理和约束。如同冬天不洗冰水，并不是吝惜冰；夏天不烤火，也不是舍不得火。而是因为这样做对身体和发展不适宜。

回忆一下中华帝国建了三个超级皇家花园吧：秦代的阿房宫，北宋的万岁山，清代的圆明园。哪个不是横征暴敛，劳民伤财，穷奢极欲的产物？

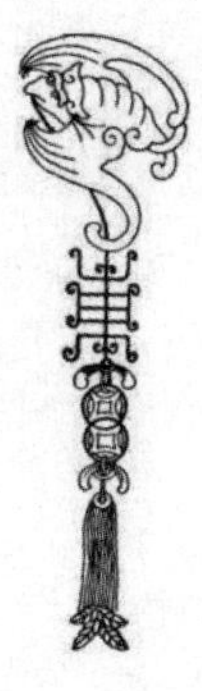

国多私勇者，其兵弱。吏多私智者，其法乱。民多私利者，其国贫。

选自：《管子·禁藏》

【大意】

一个社会，好勇斗狠的人多，其警力就削弱；领导干部自我表现欲强，缺少集体荣誉感，其制度、法规就混乱；老百姓图谋私利，为了赚钱无所不为，国家就会陷于贫穷。

【评说】

人的一生要具备四种情怀，才可以活得安宁。

贫穷时有廉洁。即不谄媚，不欺骗，不违心，不自暴自弃和怨天尤人。

富足时有恩义。懂感恩，知回报，不骄傲，不狂妄，不迷失，以义为理，对损人利己说不！

对生者有慈爱。婴儿，笑得天真，哭得可爱，没有畏惧，不懂烦恼。向婴儿学习，是人成功的制胜法宝。

对死者有哀痛。父母生我、养我，若去世后没有哀痛，就有些情理难容了。当然，对别人的父母、子女和亲人的死亡，也要同情和哀痛，证明我们心中有爱，没有麻木地活着。

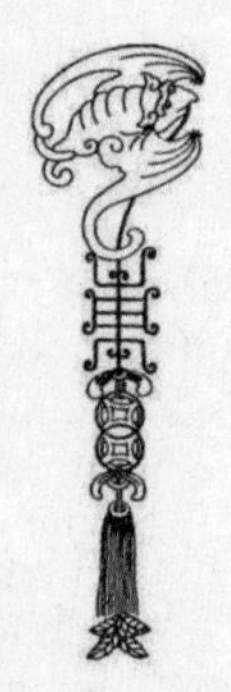

夫男不田，女不缁（zī），工技力于无用，而欲土地之毛，仓库满实，不可得也。

选自：《管子·七臣七主》

【大意】

男人不耕田，女人不织布，工匠技术致力于无用之处，想要土地生长禾苗，仓库堆满粮食，是根本办不到的。

【评说】

一个社会，如果太多的人因为房地产而发财，热衷于搞所谓的“金融产品”或“民间借贷”，喜欢追求投资少、周期短、见效快的即时利益，农民不愿种田、工人抱怨做工，学生呢？除了追求一个好分数，上一所好学校外，自私得心中装不下他人，装不下祖国，但他们却对奢侈品极其热爱，这就是急功近利的表现。

如何是好呢？

先树立一种“工匠精神”吧！热爱你所做的事，胜过爱这些事给你带来的名利。对自己充满信心，精益求精，精雕细琢。不跟别人名利较真，专跟自己的不足较劲！

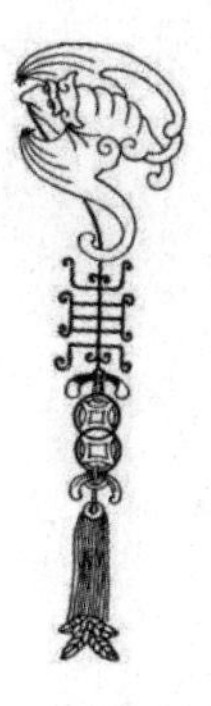

子曰：苟正其身矣，于从政乎何有？不能正其身，如正人何？

选自：《论语·子路第十三》

【大意】

孔子说：如果端正了自身的行为，管理政事还有什么困难呢？如果不能端正自身的行为，怎能使别人端正呢？

【评说】

每个人的内心都住着一佛一魔。魔，代表着愤怒、浮躁、嫉妒、贪婪、骄傲、怨恨、自卑、邪恶和伪善。佛，它代表着善良、喜悦、和平、友爱、希望、宁静、谦逊、同情与真实。

佛与魔经常斗法。佛胜了，叫律己；魔胜了，叫放纵。

佛与魔功力相当，伯仲之间，难分胜负。需要人来助力。心偏袒于谁，谁便大获全胜。故，一念即佛，一念即魔，一念即律己，一念即放纵，一念即天堂，一念即地狱。

荀子曰：无德不贵，无能不官，无功不赏，无罪不罚。

选自：《荀子·王制》

【大意】

没有美德，不能让他富贵；没有才能，不能让他做官；没有功劳，不能给予奖赏；没有罪过，不能给予惩罚。

【评说】

让善良的人富起来，让有才能的人做领导，奖罚分明，各司其位，各就其序，才可以为社会做出表率。

领导者本身的行为正当，即使不去要求下属，人们也会自然而然地效法他的行为，走上正道。但，如果领导者本身的行为不端，胡作非为，即便定下了严格的法令，任凭三令五申，仍会人心涣散，表里不一，我行我素！

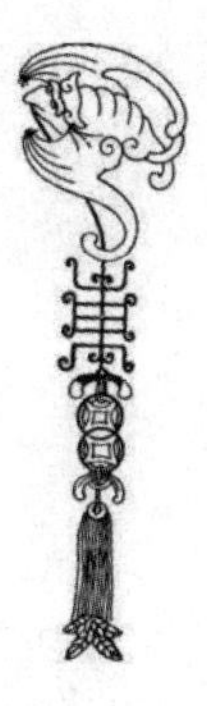

廉吏，是民众的表率；而贪官，则是民众的盗贼。

选自：包拯《乞不用赃吏》

【大意】

廉洁的干部，是民众的表率；而贪官，则是百姓与国家的盗贼。

【评说】

一场瘟疫在动物王国里肆虐，森里之王狮子为此召开了紧急会议，我们的王国正在遭受不幸，这是神对我们的惩罚。我们必须找出那个触怒神的动物。

狮子指定狐狸担当法官。作为表率，狮子先说，我犯过错误，前两天看到一只受伤的斑马，就把它抓来吃了。

狐狸马上说，大王这么做，恰恰解脱了斑马的痛苦，所以根本不算触犯戒律。

狼群的代表接着发言，我们也犯过错误，上个星期，一只麋鹿闯进我们的领地，我们就一起把它抓住吃掉了。

狐狸又说，保护领地安全是每个动物的职责所在，这没有错。

驴子想了许久也没有找到自己的错误，说我一直安分守己……

狐狸打断他，你没有偷吃别人地里的青草吗？

驴子老实地说，没有啊。不过，我前几天看到树上的新芽绿油油的，忍不住吃了几口。

狐狸马上说，这就对了，你是吃青草的，吃树芽就是抢别人的食物，严重地违背了神的安排。话音未落，狮子扑上去把驴子杀了，向神祭祀。仪式完毕，驴子成了狮子的美食。

法不严，贪不治；国不兴，国乃亡！

令则行，禁则止，宪之所及，俗之所被，如百体之从心，政之所期也。

选自：《管子·立政篇》

【注解】

宪：根本法令。
俗：风俗。
被（pī）：同“披”，指影响。
百体：人体的四肢百骸各个部位。

【大意】

命令下达就立即执行，禁令颁布就即刻停止，凡是根本法令所及和风俗影响到的地方，就像人的四肢百骸服从于意志一样，这是为政所期望的结果。

【评说】

春秋时候，著名军事家孙武携带自己著的《孙子兵法》去见吴王阖闾。

吴王问孙武，用你的兵法练兵，可以用宫中女人来做个试验吗？

孙武说当然可以。

于是吴王召集180名宫中美女，请孙武训练。孙武将她们分为两队，用吴王宠爱的两个宫姬为队长，开始进行向前向后和向左向右转的步伐训练。但众女兵不但没有依令行动，反而笑作一团。孙武反复申明训练指令，众女兵仍不听令。

孙武大怒，随即传令左右将两个女队长斩了！吴王一见，爱妾即将身首异处，赶忙求情。没想，孙武铁面无私，法不容情。军令如山！

此后，众女兵开始依令而行，认真操练，再也不敢儿戏了。

工作中，常遇到“有令不行，有禁不止，上有政策，下有对策，其奈我何”的心态。好吧，小心掉脑袋哟！

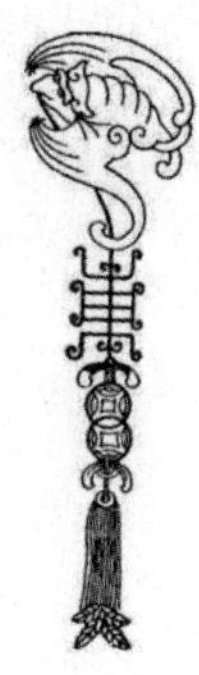

子曰：名不正，则言不顺；言不顺，则事不成；事不成，则礼乐不兴；礼乐不兴，则刑罚不中；刑罚不中，则民无所措手足。

选自：《论语·子路第十三》

【大意】

孔子说：名分不正，就无法合理发布施令；无法合理发布施令，政事就不容易成功；政事不容易成功，礼乐也就不能兴盛；礼乐不能兴盛，刑罚的执行就不会得当；刑罚不得当，百姓就没有方向。

【评说】

那天，有一只兔子在田野里奔跑，有成百的人在后面追赶，每个人都想得到它。但，并不是一只兔子可以分给一百个人。大家为什么这样拼命呢？因为所有权没有确定下来的缘故啊。

后来，成群的兔子堆在市场上，行路的人都不去看它们一眼。咦，真奇怪！大家不是很喜欢兔子吗，怎么没有人争抢了呢？原来，并不是人们不愿意得到兔子，而是由于这些兔子已经有主儿了。所有权已经确定下来了，有的人虽然品性粗野也不会再去争执了。

设立了规矩和所有权，让人们去遵守。这是法治的意义呀！

上令不能必行，则禁不能必止；禁不能必止，则战不必胜，守不必固矣。

选自：《管子·治国篇》

【大意】

对于上级的命令不能做到有令必行，也就难以做到有禁必止，不能做到有禁必止，那么战争就不能做到必胜，防守也就不能做到必固了。

【评说】

美国陆军四星上将巴顿说，我要提拔人时常常把所有的候选人排到一起，给他们提一个我想要他们解决的问题。我说，伙计们，我要在仓库后面挖一条战壕，8英尺长，3英尺宽，6英寸深。然后，我走进仓库，通过窗户观察他们。

我看到伙计们把锹和镐都放到仓库后面的地上，他们休息几分钟后开始议论我为什么要他们挖这么浅的战壕。他们有的说6英寸还不够当火炮掩体。其他人争论说，这样的战壕太热或太冷。如果伙计们是军官，他们会抱怨他们不该干挖战壕这么普通的体力劳动。最后，有个伙计对别人下命令，让我们把战壕挖好后离开这里吧，那个老畜牲想用战壕干什么都没关系！

只有当我们学会服从权威，我们才能真正拥有权威。所有军队纪律中的基本真理是：你只有学会接受权威，你才是一个权威！

不为重宝轻号令，不为亲戚后社稷，不为爱民枉法律，不为爵禄分戚权。

选自：《管子·法法篇》

【大意】

不要因为金钱而看轻政令，不可因为亲戚人情而把国家的利益放在后面，不能因为爱民而歪曲法律，不能因为是领导干部而触犯权威。

【评说】

子文是楚国军政最高领导人。一天，子文的亲戚在外面胡作非为，被司法官抓了起来。当司法官知道他是子文的亲戚后，吓得一身冷汗，并把他放了。之后急忙赶到子文那里汇报，想借机讨好。

子文严肃地责问：犯人是你放的吗？

是呀！

那就赶紧把他抓回来！

司法官忙说：他是大人的亲戚，我哪敢抓呀？

子文生气地说：我们设立司法官，就是要维护国家法令的。只要犯法，无论是谁都要抓！

司法官申辩道，令尹大人，你以身作则的精神固然好，但许多大臣背地里谁没有为犯罪的亲朋好友求过情？

子文说，我不管别人怎么样，你身为司法官，就该依法办事，以后无论是谁犯了法，都不许随便释放！

司法官说，下不为例，这次就算了吧！

不行！子文斩钉截铁地说，既然你不愿意，我自己去把他捉拿归案吧！结果，子文的那个亲戚被依法惩处了。

管子曰：省刑之要，在禁文巧。

选自：《管子·牧民》

【大意】

管仲说：减少刑罚的关键，在于禁止奢侈。

【评说】

当我第一次看到“奢侈品专卖”的字眼时被吓了一跳。在中国古代的观念中何为奢侈？挥霍无度、浪费铺张、骄奢淫逸、过分享受。

生活里竟然有太多的人以奢侈品为荣，以奢侈的生活为目标。难道要将人加速送入坟墓不成？

有了奢侈就少了亲情、爱情和友情。奢侈给人最初的满足，但随着时间的推移人们就会追求更多的奢侈。于是，越来越焦躁不安，甚至心里发狂，从而违法犯罪。

当人们渴望奢侈、迷恋天价品牌、对于吃喝玩乐有无尽的向往时，就是社会崩溃腐化的开始了。奢侈带来淫乱，淫乱带来灾祸，灾祸带来灭亡！

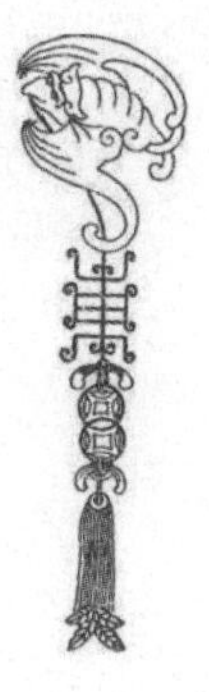

"利"之一字，是学问人品一片试金石。

选自：清·申居郧《西岩赘语》

【大意】

如何对待"利"这一关，是检验一个人的学问和品行的试金石。

急功近利，利欲熏心，唯利是图，见利忘义，都是短暂的快乐。一个想做大事的人，要看他能否放得下功名富贵之心。

【评说】

在一家餐厅看到横刀立马的关公被供奉在吧台后面，前方摆上供果和香炉。老板说为保佑自己财源广进。

显然，关公的精神图腾不是招财进宝，而是忠义的杰出代表。即便走到穷途末路，为了保全实力仍做出了降汉不降曹的权宜之计。曹操三天一小宴，五天一大宴，上马金，下马银，云集美女供关羽享用。而，身为血肉之躯的关云长竟然丝毫不动心，没有一天不惦念自己的"中国梦"：寻找大哥刘备，一同光复汉室。

倒是觉得纪委机关应该把关公的形象根植到领导干部的生活作风里。如此，是否气正风清一些呢？

荀子曰：法者，治之端也；君子者，法之原也。

选自：《荀子·君道篇》

【大意】

荀子说：法度是治国的前提，而领导是法度的本原，没有立身行道的执政者，法律再完备也会导致社会的混乱。

【评说】

公元前520年，晋国的邢侯与雍子为争夺一块地的所有权，打了很长时间官司，但一直没有结果。雍子为了打赢官司，便把女儿嫁给了司法官叔鱼，叔鱼因此判雍子胜诉。认为自己有理的邢侯输了官司后，勃然大怒，当场把叔鱼和雍子杀死了。

晋国上卿韩宣子便问当时的贤士叔向这一案件该怎样处理，而叔向恰好是叔鱼的哥哥。叔向说："这三个人都有罪，而且都应处死。雍子明知理亏，却用女儿去贿赂法官；叔鱼贪赃枉法，邢侯私自杀人，所以三人罪责相同。对活着的邢侯应执行死刑，对已死的雍子、叔鱼戳尸。"

韩宣子遂杀了邢侯，把雍子、叔鱼的尸体街头示众，表示执行了死刑。叔鱼也因此成了有文字记载的第一个被判死刑的司法官。

弟弟犯了罪，做哥哥的却不偏袒庇护，因此，孔子称赞叔向"治国制刑，不隐于亲"。

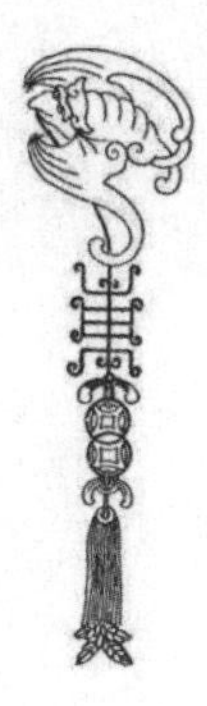

子曰："听讼，吾犹人也。必也使无讼乎！"无情者不得尽其辞，大畏民志，此谓知本。

选自：《大学》

【大意】

孔子说："审理诉讼案子，我也和别人一样，目的在于使诉讼不再发生。"使隐瞒真实情况的人不敢花言巧语，以大德使人心畏服，这就叫做懂得了根本的道理。

【评说】

法治的根本在于人们敬畏法律。

为何敬畏？

康德说，世界上唯有两样东西能让我们的内心受到深深的震撼，一是我们头顶上灿烂的星空，一是我们内心崇高的道德法则。

英国法学家波洛克说，法律不能使人人平等，但是在法律面前人人是平等的。

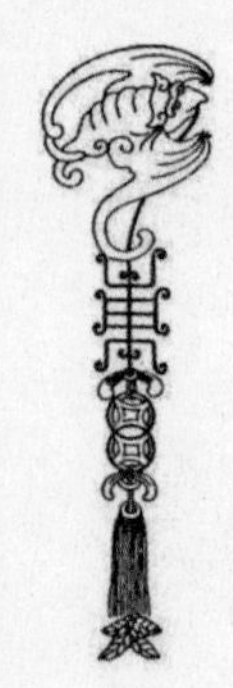

有道之君，行法修制，先民服也。

选自：《管子·法法篇》

【大意】

善于治国理政的人，通过制定有效制度来管理国家，以达到服务于民众的目的。

【评说】

有单位把社会主义核心价值观的“法治”写成“法制”。

有人问：二者有何区别，何必大惊小怪?

我说“法制”就是你家里的鸡毛掸子。“法治”就是拿起鸡毛掸子抽你：叫你不听话，叫你不听话!

一个社会的立法就是“制”，其目的是为了“治”。若有法不依，有法不治则形同虚设。我们之所以把“法治”写成“法制”是因为不了解有“制”才可以有“治”。

改革到了“进行到底”的深水期。谁也别心存侥幸、佯装无知和得过且过。治你没商量，永远在路上。

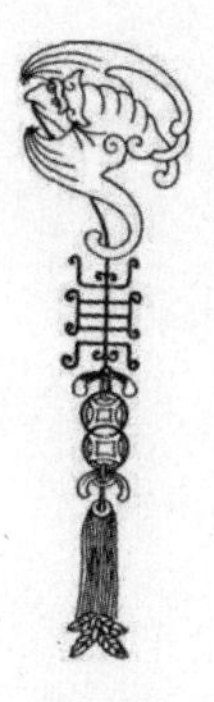

栖守道德者，寂寞一时；依阿权势者，凄凉万古。达人观物外之物，思身后之身，宁爱一时之寂寞，毋取万古之凄凉。

选自：《菜根谭》

【大意】

恪守道德节操的人，只不过会遭受一时的冷落；而那些依附权势的人，却会遭受千年万载的唾弃与凄凉。胸襟开阔且通达事理的人，重视物质以外的精神价值，顾及到死后的名誉。所以他们宁愿承受一时的寂寞，也不愿遭受永久的凄凉。

【评说】

齐景公问晏子，治理国家怕的是什么？

晏子回答说，怕的是土地庙中的老鼠。

景公问，为何？

晏子答，土地庙里，把木头一根根排立在一起，并给它们涂上泥，老鼠于是前往栖居于此。用烟火熏则怕烧毁木头，用水灌则怕毁坏涂泥。这种老鼠之所以不能被除杀，是由于土地庙的缘故啊。国家也有啊，国君身边的便嬖（pián bì）小人就是老鼠啊。在朝廷内便对国君蒙蔽善恶，在朝廷外便向百姓卖弄权势。不铲除他们国家就混乱；要杀掉他们却往往被君王包庇下来，反而成为亲信。这类人就是国家的老鼠。

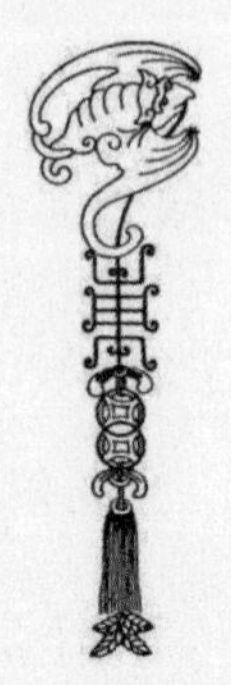

简除烦苛，禁察非法，郡中大化。

选自：《后汉书·循吏传·刘宠》

【大意】

东汉大臣刘宠，为官时除去烦琐的规章制度，查处官吏的非法行为，禁止部属扰民，郡中秩序井然，百姓安居乐业。

【评说】

清朝诗人和思想家龚自珍在著作《龚定庵全集》中记录了一个“群神朝天”的故事。

一日，一群神仙，到天庭朝见天帝。

天帝与下属说，诸神到来，理应祝贺，统计一下人数，择日大摆宴席。

管理酒席的官，拿着纸笔造花名册。登记了三千年，花名册还没有造好。天帝询问原因，造册的官员说，每个神仙都有一批抬轿子的人员一起来的。

天帝说，没关系天上美食应有尽有，抬轿子的人员也登记招待。

过了七千年，花名册还是没有造好。天帝再询问原因。官员又汇报说，抬轿子的人员，他们又有为自已抬轿子的人员。

天帝沉默叹息。酒席终于没有办成。

简政放权，实事求是，制度管人，法律治事，才是一片清净的为政空间。

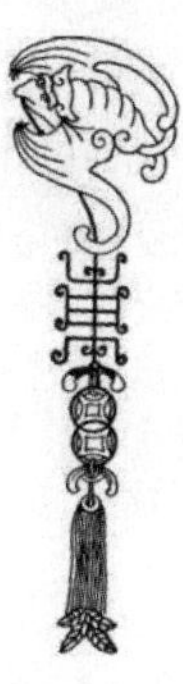

为政戒贪，贪利贪，贪名亦贪，勿骛声华忘政事；
养廉惟俭，俭己俭，俭人非俭，还从宽大保廉隅。

选自：原杭州府署对联

【大意】

做官为政定要戒贪，贪钱叫做贪，贪名也叫贪，不要奔跑忙碌为了出名而忘记本分工作。养廉的唯一方法就是节俭。但对自己节俭叫节俭，对别人节俭不是节俭，严以律己，宽以待人，才能保持自己坦荡的内心和端正不邪的棱角。

【评说】

明代有个笑话。

某甲与某乙各带资本，一块出外做买卖。离开家几天之后，走到一偏僻地方，某甲遂起谋财害命之心，将某乙打死，取了他的资本，一人做买卖去了。

不久某甲赚了钱回来，向某乙的家里人说，某乙不幸病死。

某乙的家人信以为真。后来，某甲又娶了某乙的妻子。谁知某乙并没有死，当时他被打死，后又活转过来。他在外地把伤养好，回到家乡，向官府控告某甲图财害命，强娶他的妻子。谁知县官将某乙判为诬告。批状上说： 既然说是打死，为什么还活着？娶妻要花财礼，怎么说是强娶？

真是蹊跷。

假若县官贪了某甲的贿赂，就是腐败。假若县官没贪某甲的贿赂，也叫腐败。人才腐败，是最大的腐败。

沣（fēng）水之深十仞，金铁在焉，则形见于外。非不深且清，而鱼鳖莫之归也。

选自：《淮南子》

【注解】

沣水：又名沣河，发源于西安长安区沣峪，流至咸阳市汇入渭河。

【大意】

沣水有十韧深，可是把金铁放在里面也看得见。如果水不清或者很浅，鱼也不会在里面生存。

【评说】

魏征进谏唐太宗谈法治：凡是审理案件，必须以犯罪事实为主，不严刑逼供，不节外生枝，不以牵连的头绪多来显示审判者的聪明。所以要对检举弹劾的法律加以修正，多方取证，广泛调查，是为了弄清事实，而不是要掩盖事实；多方调查，听取意见，是为了不使狱吏徇私枉法的奸计得逞。作为上司，不能把苛刻当做明察，不能把功多当做明智，不能把刻薄下属当忠心，不能把诽谤他人当功劳。

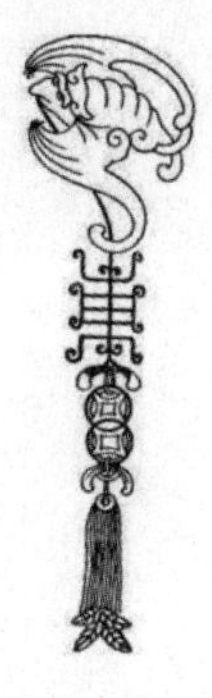

子曰：不教而杀谓之虐；不戒视成谓之暴；慢令致期谓之贼；犹之与人也，出纳之吝谓之有司。

选自：《论语·尧曰第二十》

【大意】

孔子说：事先不进行教育，（犯了错）就惩罚，这叫残害；事先不告诫不打招呼，而要求马上做事成功，这叫暴戾；很晚才下达命令，却要求限期完成，这叫伤害；同样是给人东西，拿出手时显得很吝啬，这叫刻薄。

【评说】

中小学“思想品德”教材名称将统一更改为“道德与法治”。意为，生活里有两条线不能碰，一个叫法律红线，一个叫道德底线。法律，来惩戒行为过错；道德，为约束心灵的迷失。对法律，懂敬畏；对道德，知羞耻。一个有敬畏、知羞耻的民族，正在走向复兴！

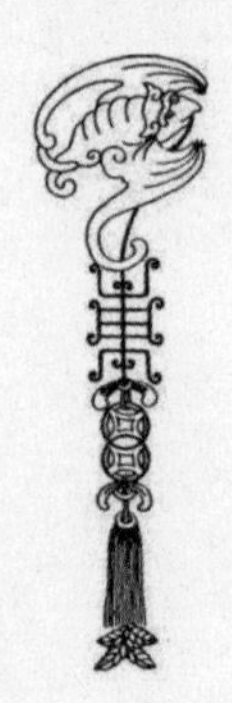

明主使法择人，不自举也。

选自：《韩非子·有度》

【大意】

英明的领导用法选人，不用己意推举；用法定功，不用己意测度。

【评说】

为政之要，首在用人。一个国家的政治能否凝聚人心、政策能否得到有效执行，关键在于能否找到一把合适的标尺把真正优秀的人才选到重要岗位。

2014 年 1 月《党政领导干部选拔任用工作条例》修订，确立了好干部的“五个标准”，分别是：信念坚定、为民服务、勤政务实、敢于担当、清正廉洁。

新中国选拔任用干部选的根本是“四化“，指革命化、年轻化、知识化和专业化。

中国诸多企业用人标准是：有德有才，破格重用；有德无才，培养使用；有才无德，限制录用；无德无才，坚决不用。

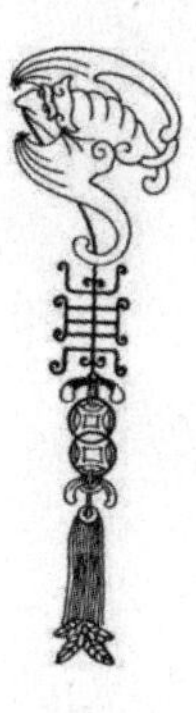

国无常强，无常弱。奉法者强，则国强；奉法者弱，则国弱。

选自：《韩非子·有度》

【大意】

国家没有永久的强、也没有永久的弱。执法者强国家就强，执法者弱国家就弱。

【评说】

依法治国的重大意义是什么？

1. 是中国共产党执政方式的重大转变，有利于加强和改善党的领导；
2. 是发展社会主义民主、实现人民当家作主的根本保证；
3. 是发展社会主义市场经济和扩大对外开放的客观需要；
4. 是社会文明进步的显著标志，是国家长治久安的重要保障；
5. 是民主政治的必然要求，也是现代政治文明的基本标志；
6. 是建设中国特色社会主义文化的重要条件。

君之置其仪也不一，则下之倍法而立私理者必多矣。是以人用其私，废上之制而道其所闻。

选自：《管子·法禁》

【大意】

如果领导不能以身作则，立法规矩不能统一，下面违法和破坏规矩，按照自己意愿行事的人就必然增多。这样，就人人都自行其理，我行我素，不执行上面的制度，而为所欲为，极力宣传个人主张。

【评说】

明朝的茶叶是国家和西域人交换马匹的主要物资。为此朱元璋制订了“茶法”，并在茶叶产地和主要关隘设立了专门的机构，管理茶叶贸易事宜，严禁贩卖私茶。

可是，朱元璋的三女婿欧阳伦，仗着特殊的身份和地位，目无法纪，贩卖私茶，谋取横财，还怂恿指使家人巧取豪夺，大量收买茶叶。地方官员对其作为十分不满，意欲告发。欧阳伦不但不收敛自己，反而仗势欺人，对意欲告发者严刑拷打，逼其屈就。

朱元璋知道后龙颜大怒，查明情况后即刻将自己的乘龙快婿欧阳伦赐死。同时对那地方官敕令嘉奖。

一代皇帝朱元璋，虽然失去了一个女婿，但他却赢得了天下的人心！

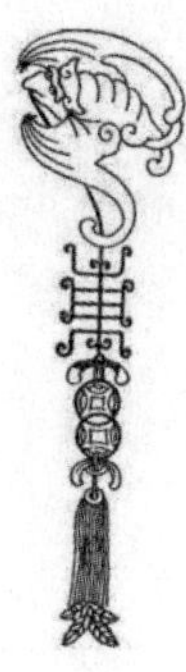

自律不严，何以服众？

选自：元·张养浩《三事忠告》

【大意】

自我约束不严格，怎么能让众人信服？

【评说】

唐朝贞元年间，白居易被派往陕西周至当县令。

刚上任，城西的赵乡绅和李财主就为争夺一块地跑到县衙打官司。为了能打赢官司，赵乡绅差人买了一条大鲤鱼，在鱼肚中塞满银子送到县衙。而李财主则命长工从田里挑了个大西瓜，掏出瓜瓤，也塞满银子送了来。收到两份“重礼”后，白居易吩咐手下贴出告示，明天公开审案。

次日，县衙门外挤满了看热闹的百姓。

白居易升堂后问道，你们哪个先讲？

赵乡绅抢着说，大人，我的理（鲤）长，我先讲。

李财主也不甘示弱说，我的理（瓜）大，我先讲。

白居易沉下脸说。什么理长理大？成何体统！

赵乡绅以为县太爷忘了自己送的礼，连忙说，大人息怒，小人是个愚（鱼）民啊！

白居易微微一笑说，本官耳聪目明，用不着你们旁敲侧击，更不喜欢有人暗通关节。来人，把贿赂之物取来示众。

衙役取来鲤鱼和西瓜，当众抖出银子，听审者一片哗然。白居易厉声喝道，大胆刁民，胆敢公然贿赂本官，按大唐律法各打四十大板！

众百姓无不拍手称快。至于这些行贿的银子，白居易就用来救济贫苦百姓了。

【爱国篇】

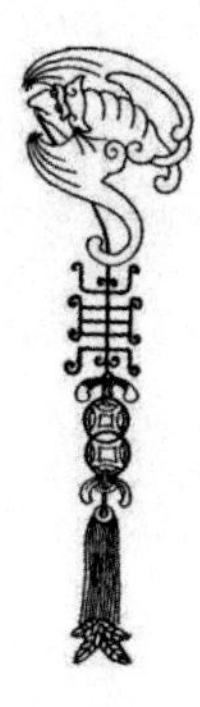

不以一己之利为利，而使天下受其利；不以一己之害为害，而使天下释其害。

选自：黄宗羲·《明夷待访录》

【大意】

不以自己一个人的得利为得利，而要使天下人都得到利益；不以自己一个人的有害为有害，而要使天下人都解除危害。

【评说】

李白在诗作《赠韦秘书子春二首》中记录了一个汉朝隐士，名叫郑子真，隐居在陕西淳化西北这个地方，在山涧耕读鱼樵。清高的风韵，名震京都与天下。他坚决不当官，在山中悠闲自若，坐卧松云。

而，李白笔锋一转表达了济世于民的胸怀与担当："苟无济代心，独善亦何益？"

大意为，假如没有济世的心意，保持个人的节操有什么益处？个人活着要有济世为民的志向，努力为大众做一些有益的事，这样活着才有意义。假若活着不能有益于百姓，即使保持了不与世同流合污的节操，又有什么益处呢？

臣心一片磁针石，不指南方不肯休！

选自：文天祥·《扬子江》

【大意】

文天祥报国的心坚定不二，像磁针石一样，永远指向南方，表示一定要收复南宋的大好河山！

【评说】

抗日战争期间，日本人找到弘一法师，请他循当年鉴真之例，到日本弘扬佛法。

面对来人，弘一法师说了如下一番话：“我在日本留学5年，日本学校教给了我很多知识，这是我永远铭记在心的。1200年前，日本僧人荣睿、普照邀请鉴真法师去日本传扬佛法，鉴真法师慨然应允，六渡日本，终致成功。鉴真法师把中国的建筑、雕塑和医药介绍到日本，他还是日本律宗的创始人。可是现在不同了，当年鉴真法师去日本，海水是蓝的，现在已被你们染红了！日本，我是万万不会去的！”

几天后，他在讲经堂座后壁上挂起手书的中堂：念佛不忘救国，救国必须念佛！

利莫大于治，害莫大于乱。

选自：《管子·正世》

【大意】

国家的最大利益莫过于社会大治，而祸害最大莫过于社会动乱。

【评说】

唐朝统一中国的重大战役，主要是李世民指挥的。到他 24 岁的时候，完成了统一中国的大业，如此辉煌的军功战绩，在中国历史上堪称前无古人，后无来者。

更加难能可贵的是，他深深地知道，打天下靠武力，治天下靠文德。所以，他当上皇帝之后，马上率领满朝文武转型，告别高压专制，提倡民主之风，大批选拔德才兼备又具有开拓性视野的人才，得人之盛，在整个中国古代最为显著；坚定不移推行依法治国，完成号称中国古代里程碑的唐朝法律体系建设；贯彻以民为本、藏富于民的国策，在短短几年间达到天下大治。

天下大治，是任何一个国家最大的公益性产品，它属于全体人民的根本利益。这就是为什么个人利益要服从全体利益的道理。

挽将天上银河水，散作甘霖润九州。

选自：明·于谦《望雨》

【大意】

我要把天上银河之水导引下来，散泼成及时雨润泽全国大地。

【评说】

中华民族的历史之所以悠久和伟大，爱国主义作为一种精神支柱和精神财富是起了重要作用的。一个诗人同一名官员、一个普通的公民一样，所发出爱国的声音都是心灵的呼喊。

读明代爱国将领于谦的诗句，能震撼地感觉出对祖国的热爱，如，“粉身碎骨浑不怕，要留清白在人间”。而，唐末农民起义领袖黄巢，一心想颠覆当时政权，所思所想便是另一种态度，如他的诗作《题菊花》“他年我若为青帝，报与桃花一处开。”再读林则徐忠心报国的深厚情感又进入一种境界：“苟利国家生死以，岂因祸福避趋之！”

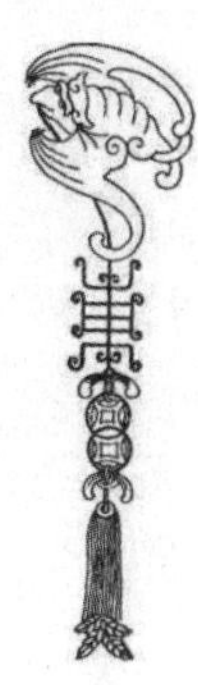

酒极则乱，乐极则悲，万事尽然。

选自：《史记·滑（gǔ）稽列传》

【大意】

饮酒太多会乱了心智，一味地追求享乐，会生出很多麻烦和不幸，不加以自律，就会走上邪路，这是失败的源头呀！

【评说】

春秋时期，齐威王通宵达旦地喝酒，不理朝政。淳于髡看在眼里，急在心上。

恰好，一日，齐威王在后宫置办酒席，召淳于髡喝酒。

酒宴中，威王问：先生能喝多少才醉？

淳于髡回答：臣喝一斗也醉，喝一石也醉。

威王说：先生喝一斗就醉了，怎么还能喝一石呢？

淳于髡说：在大王面前赏酒，执法官在旁边，御史在后边，我心怀恐惧，不过一斗已经醉了。如果家里来了贵客，我小心地在旁边陪酒，不时起身举杯祝他们长寿，那么喝不到二斗也就醉了。如果朋友故交突然相见，互诉衷情，大概可以喝五六斗。如果是乡里间的盛会，男女杂坐，无拘无束，席间还有六博、投壶等娱乐项目，我心中高兴，大概喝到八斗才有两三分醉意。天色已晚，酒席将散，酒杯碰在一起，人们靠在一起，男女同席，鞋子相叠，杯盘散乱，厅堂上的烛光熄灭了，主人送客，将我留在席间，看到女子薄罗衫轻解，微微地闻到一阵香气，这个时刻，我心里最欢快，能喝一石。

齐威王听罢，内心立刻明白。这是在讽刺自己呀！于是，停止纵欲享乐，整顿吏治，选贤任能，在不长的时间里，使府库充实，国力强盛，齐国大治，最终开创了“复霸”的局面，取代魏国成为当时中原最强大的诸侯国。

构大厦者先择匠而后简材，治国家者先择佐而后定民。

选自：三国·杨泉《物理论》

【注释】

构：架屋。
简：通“柬”，选择。
佐：辅助的人。

【大意】

要建大厦，先找个好的设计师和善于作业的工匠，然后再考虑如何节省；如果治理国家，要先找到有辅佐能力的人，然后老百姓自然就会在他的辅佐和治理下安居乐业了。

【评说】

劲松立险处，正气显人格。作为领导干部，当带头实干，乐于奉献；与时俱进，无愧组织。人心如秤，量出谁轻谁重；民意似镜，照出孰贪孰廉。

坚定信仰，是做一名好干部的初衷；服务人民，是做一名好干部的前提；勤政务实，是做一名好干部的基础；敢于担当，是做一名好干部的力量所在；清正廉洁，是做一名好干部的有效屏障。

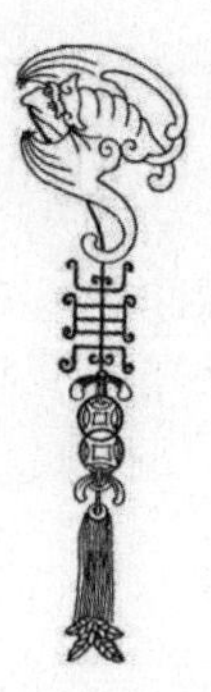

长太息以掩涕兮，哀民生之多艰！

选自：《离骚》

【注释】

民生：万民的生存。
艰：难。

【大意】

我长叹一声啊，止不住那眼泪流了下来，我是在哀叹那人民的生活是多么的艰难！

【评说】

郑板桥，名叫郑燮（xiè）。清朝乾隆元年，被调任潍县（山东潍坊）做官。恰逢荒年，到了人吃人的地步。郑燮不容分说，打开官仓发放粮食来赈济灾民。

有人阻止他，说应该向上级申报。郑板桥说，这都什么时候了，如果向上申报，百姓怎能活命？皇上怪罪下来，所有罪名，我一人承担！于是立即把粮食发放给百姓，上万人得以活命。

不作为的干部应该向这里看齐喽！

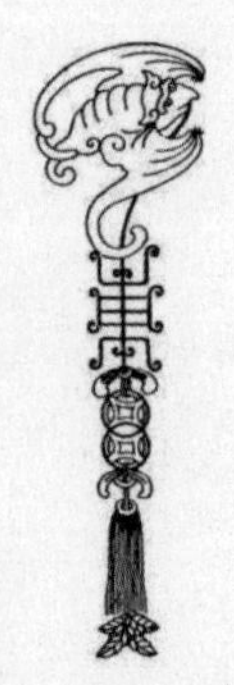

临患不忘国，忠也。

选自：《左传·昭公元年》

【大意】

遇到灾难和疾病也将祖国记在心间，是忠于祖国的义举。

【评说】

大连市公交双层巴士司机黄志全，1999年3月14日晚7时左右，在驾驶中突然心脏病发作，在生命的最后一分钟，他强忍剧痛，做了三件事：

1、把巴士缓缓地靠向路边，并用最后的力气拉下了手动刹车闸；

2、把汽控车门打开，让乘客依次安全地下了车；

3、将发动机熄灭了，确保巴士和乘客的安全。

黄志全极其艰难地做完了这三件事，然后他才趴在方向盘上停止了呼吸……

向黄志全先生致敬！

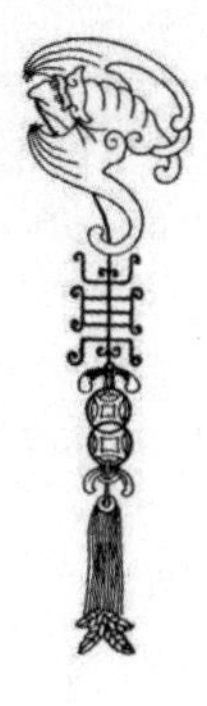

瞒人之事弗为，害人之心弗存，有益国家之事虽死弗避。

选自：明·耿定向 《先进遗风》

【大意】

见不得人的事不要做，损害他人的心不能有，只要对国家有益的事情，即使付出生命也不躲避。

【评说】

美国人说：“不要问国家能为你做些什么，要问你能为国家做些什么？”

中国人说：“先天下之忧而忧，后天下之乐而乐。”中国人还说：“天下兴亡，匹夫有责！”

请爱你的祖国，不然你没有权利生活在世上！

苟利国家生死以，岂因祸福避趋之。

选自：林则徐《赴戍登程口占示家人》

【大意】

只要对国家有利，即使牺牲自己生命也心甘情愿，绝不会因为自己可能受到祸害而躲开。

【评说】

1941 年 9 月 25 日，日军纠集三四千兵力进犯我中国晋察冀根据地的狼牙山地区。晋察冀军区一分区一团七连经过一个多月的英勇奋战，给予敌人以沉重的打击。但由于敌我力量悬殊，六班的 5 名战士，即班长马宝玉，副班长葛振林，战士胡德林、胡福才和宋学义，为掩护连队和群众转移，一边打，一边撤，把敌人引上狼牙山棋盘坨的悬崖绝壁。他们与敌人激烈战斗，打退了敌人多次冲锋。当手榴弹、子弹打光后，他们宁死不屈，纵身跳下身后深不见底的悬崖。

这就是荡气回肠、可歌可泣的“狼牙山五壮士”，表现了中国共产党领导下的革命战士的崇高革命精神和中华民族不可征服的英雄气概！

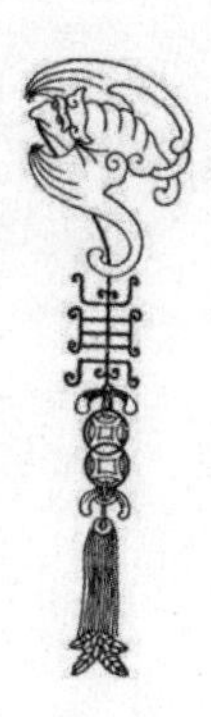

常思奋不顾身，而殉国家之急。

选自：《汉书·司马迁传》

【大意】

一个人，为了国家、民族的事业，可以将个人得失置之度外，甚至不顾自己的生命。

【评说】

汉武帝时，苏武出使匈奴。单于游说苏武，许以高官厚禄，遭苏武严辞拒绝。匈奴见劝说没有用，就决定用酷刑。当时正值严冬，天上下着鹅毛大雪。单于命人把苏武关进一个露天的大地窖，断绝食品和水，希望这样可以改变苏武的信念。

时间一天天过去，苏武在地窖里受尽了折磨。渴了，他就吃一把雪；饿了，就嚼身上穿的羊皮袄；冷了，就缩在角落里取暖。过了很多天，单于见濒临死亡的苏武仍然没有屈服的表示，只好把苏武放出来了。

单于知道无论软的，还是硬的，劝说苏武投降都没有希望，便越发敬重苏武的气节，不忍心杀苏武，又不想让他返回自己的国家，于是决定把苏武流放到西伯利亚的贝加尔湖一带，让他去牧羊。临行前，单于召见苏武说："既然你不投降，那我就让你去放羊，什么时候这些羊生了羊羔，我就让你回到你的大汉去。"

苏武身在匈奴，心念大汉。日复一日，年复一年，历经磨难，九死一生，十九年后终于回到祖国！

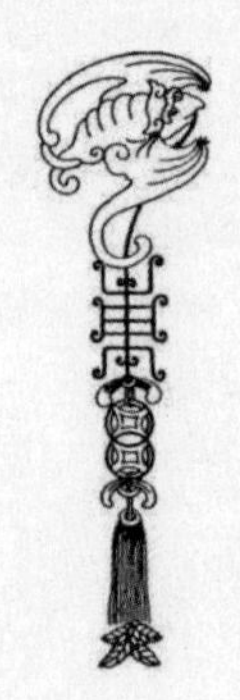

敬者何？不怠慢、不放荡之谓也。

选自：朱熹·《朱子语类》

【大意】

什么是敬业？不怠慢，不懈怠，不拖拉，不放纵。

【评说】

古代有个外科医生，自称精通外科，医术高超。 有一员副将从战场上回来被箭射伤了，箭头深深地埋在肉里面，请医生给他治伤。

外科医生拿出一把锋利的剪刀，剪去露在外面的箭杆后说好了，回家好好养伤。

副将着急地说，箭头还留在肉里面呀，必须抓紧治疗！

这位外科医生不满地说，这是内科医生的事，我这里工作结束了。

敬告诸君：办事莫推诿，别把“走程序”作为挡箭牌！

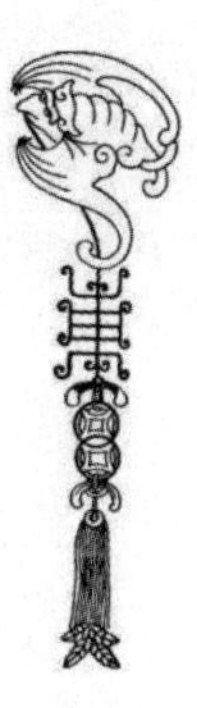

奢者狼藉俭者安，一凶一吉在眼前。

选自：白居易《草茫茫》

【大意】

奢靡享受的人觉得很过瘾，谁知正在一步一步走向灾祸。勤俭节约虽简单，却是令人日子安然，梦里安闲的幸福。

【评说】

野兽中有一种猴，体小而善爬树，爪子锐利。老虎头上痒，就让猴替它搔。不停地搔。搔出洞来了，老虎却觉得特别惬意而不知有洞。猴就慢慢地汲取老虎的脑浆来吃，而且用剩余下来的虎脑浆献于老虎，并说，我难得获得这荤鲜，不敢自己吃，特地献给您吃。老虎心怀感激，说你这只猴真是待我忠心耿耿，如此爱我而忘记了自己的食物。

老虎吃自己的脑浆也不知道。时间长了，虎脑快空了，发痛了，就去追踪猴，猴早就逃避到高树上去了。老虎翻腾蹦跳，大声吼叫而死。

贪图安逸，是迷醉地走在堕落与死亡的路上。不可不慎！

今世之嗜取者，遇货不避，以厚其室。不知为己累也，唯恐其不积。及其怠而踬（zhì）也，黜（chù）弃之，迁徙之，亦以病矣。

选自：柳宗元《柳河东集》

【大意】

现今世上那些贪得无厌的人，见到钱财就捞一把，用来填满他们的家产，不知道财货已成为自己的负担，还只怕财富积聚得不够。等到一旦因疏忽大意而垮下来的时候，有的被罢官，有的被贬往边远地区或进了监狱，真是悲哀呀！

【评说】

柳宗元的笔下描写过一个叫蝜蝂（fù bǎn）的小虫，这小虫善于背负东西。爬行时遇到东西，就抓取过来，抬起头背着这些东西。东西越背越重，即使疲惫到极点也不停止。它的背很不光滑，因而东西堆上去不会散落，终于被压倒爬不起来。有的人可怜它，替它去掉背上的东西。可蝜蝂如果能爬行，又像早先一样抓取东西。这种小虫又喜欢往高处爬，用尽了它的力气也不肯停下来，直到从高处摔下死在地上。

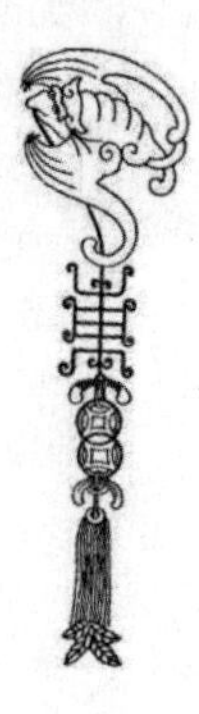

欲心难厌如溪壑，财物易尽若漏卮（zhī）。

选自：清·程允升《幼学琼林》

【大意】

贪求物欲之心犹如深沟长溪，永远难以满足；而财物再多也易挥霍一空，就像底漏了的酒器，盛得多漏得也多。

【评说】

贞观初年，唐太宗对侍臣们说，人们手中有一颗明珠，没有不视之为宝贵的，如果拿去弹射鸟雀，这难道不是很可惜吗？何况人的性命比明珠珍贵，见到金银钱帛不惧怕法律的惩罚，立即直接收受，这就是不爱惜性命。明珠是身外之物，尚且不能拿去弹射鸟雀，何况更加珍贵的性命，怎么能用它来换取财物呢？

人，何必以小失大，以财换命呢？

秦惠王要攻打蜀国，但不熟悉蜀国的道路，于是，他叫人刻了五头石牛，并把金子放在石牛身后。蜀国人看见了，以为石牛可以屙（ē）金子。蜀王便叫五个大力士把石牛拖到蜀国去，由秦入蜀的道路就这样开辟出来了。于是，秦国大军尾随而至，灭掉了蜀国。

百姓大害，莫甚于贪官蠹吏。

选自：清末民初·赵尔巽 主编《清史稿》

【大意】

自古对百姓最大的伤害，莫过于贪官污吏蛀空国家，中饱私囊。

【评说】

贞观四年，唐太宗对公卿说：朕整天都不敢懈怠，不但忧念爱惜百姓，也想让你们能够长守富贵。天不是不高，地也不是不厚，朕长久以来小心谨慎以敬畏天地。你们如果能小心遵守法令，总是像朕敬畏天地那样，这样不但百姓安宁，自己也可常得快乐。古人说：贤者多财损其志，愚者多财生其过。这话可以深以为戒。如果徇私贪污，不但是破坏国法，伤害百姓，即使事情没有败露，心中怎能不常怀恐惧呢？恐惧多了也有因此而导致死亡的。大丈夫岂能为了贪求财物，而害了自己的身家性命，使子孙总是蒙受羞耻呢？

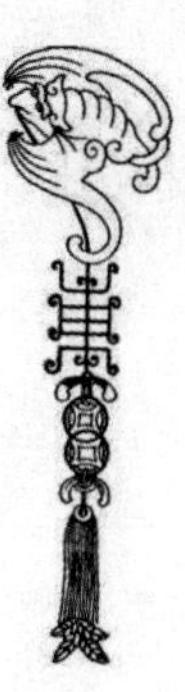

孟子曰：君子之泽，五世而斩。

选自：《孟子·离娄章句下》

【大意】

孟子说：君子建功立业后，即便是丰功伟绩、一代圣贤，他的遗风最多影响五代而后中断。

【评说】

每个家族和历代王朝都会演绎一个创业、守成、挥霍、败落和灭亡的过程。为什么逃不出这种“富不过三代”的厄运呢？

答：躺在功劳簿上睡大觉！

有时候，优秀是成功的敌人。所以，我们见证了太多一夜成名、少年得志、大富大贵、大红大紫之人的败落。凡自我感觉优秀的人常常会因优秀而固步自封、拒绝进步。

1856—1860年，太平军两次打败围困天京的清军。有人说，虽然吃了败仗，但客观上却帮了清廷的忙。何以这样说？驻守江南、江北大营的清廷“精锐”部队早已腐败无能、外强中干。到了“射箭，箭虚发；驰马，人堕地”的空前软弱。而后，不得不用曾国藩的民兵——湘军。

当年八旗兵入关，“金戈铁马，气吞万里如虎”。而这只凶猛的老虎后来为什么会变成如此熊样？

因为骄奢淫逸！

事业文章，随身消毁，而精神万古不灭；
功名富贵，逐世转移，而气节千载如斯。

选自：《增广贤文》

【大意】

一个人所做的事业和所写的文章，随着肉身的消亡而毁灭，但是精神是万古不灭的；一个人的功名富贵，随着时代的变化而转移，但是气节却是千载不变的。

【评说】

有个老将军病了。癌症晚期。

儿女们心情沉重。纷纷做好痛失父亲，痛失父亲300多平方米别墅、专用汽车和每月不菲的离休费。

最好的医院，最好的医生。手术室外的长椅上如坐针毡地等待和心慌意乱的无奈。

3个小时。主刀医生走出手术室，摘下口罩，露出劳累却欣慰的笑：肿瘤切除。良性。

家属们惊愕地停顿片刻，似乎一时接受不了突如其来的幸福。随即喜极而泣，拥抱庆贺。

老将军醒来。儿女们围住父亲呵护，说虚惊一场，虚惊一场。您老人家福大命大！

老将军听罢痛哭。声泪俱下，涕泗横流。手拍床沿，呜咽地说：几万块，几万块呀！又给国家花了几万块呀！

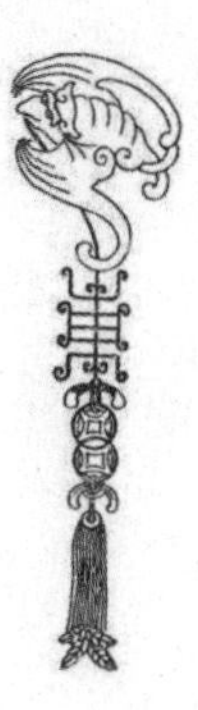

国家将兴，必有祯祥；国家将亡，必有妖孽。

选自：《中庸》

【大意】

国家将要兴旺，必然有吉祥的征兆；国家将要衰亡，必然有不祥的反常现象。

【评说】

中国有危险。有人搅乱股市，哄抬楼市，想让中国经济重创，导致救市失败。

中国有危险。有人为激愤无知的青年、别有用心的学者、心有所图的公知洗脑，打着“民主”和“自由”的旗号，在微博里骂，在微信里怨，想给中国颜色革命。

中国有危险。有人在用一些无中生有的言论、厚颜无耻的观点迷醉中国文化，软化中国精神，肢解中国情怀，也想让中国成为“第二个苏联”。

妄想！

13亿中国人，每人手里都有一条金箍棒，在阳光下共同举起，将这些魑魅魍魉的妖孽打得魂飞魄散。我们清醒地唱着“中华民族到了最危险的时候……”

丈夫不感恩，感恩宁有泪；心头感恩血，一滴染天地。

选自：唐·陈润《阙题》

【注释】

陈润：白居易的外祖父。

【大意】

大丈夫并不是不感恩，感恩积攒、贮藏的情感不只是眼泪；心头凝聚的是感恩的血，一滴就能够染红天地。

此诗表达了一个厚重男人的感恩理念和平时感恩行为的含蓄，如同大海一般，看似水面平静，实则内心波涛汹涌，关键时刻，轰轰烈烈，动地惊天。

【评说】

朋友说父亲在去世的时候只说了两个字：谢谢。听罢，我心头一震。一个即将离去的人没有惊恐，没有遗憾，没有交代，而是满怀感动地说了声“谢谢”。

他在谢谁呢？

谢儿女，谢老伴，谢社会，谢党，谢国，谢民族，谢人生一世。或许，他没有想那么多，只是心中仅存的一份谢意。但，与生命告别之际的谢谢太坦荡，太率真，太伟大。以一颗感恩的心离世，这份谢意已经荡然在天地之间了。让我们也对生命说声：谢谢！

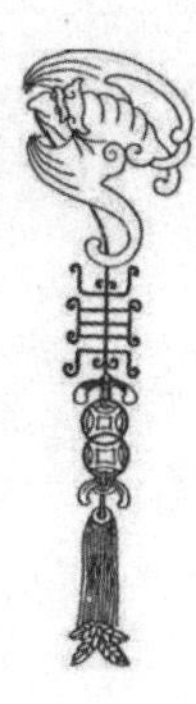

政之所兴，在顺民心；政之所废，在逆民心。

选自：《管子·牧民篇》

【大意】

国家政事之所以兴旺，在于顺乎民心；国家政事之所以败坏，在于背乎民心。

【评说】

孟子拜见梁惠王。梁惠王说，老先生，你不远千里而来，一定是有什么对我的国家有利的高见吧？

孟子说，大王，何必张嘴闭嘴就说利呢？

大王说，国家没有利怎么能富强呢？

孟子说，您作为一国最高领导人，问怎样使我的国家有利？那么，您的高级干部和社会精英也说，怎样使我的家庭有利？于是，一般老百姓说，怎样使我自己有利？结果是上位的人和下位的人互相争夺利益，所有的人都为了利益和金钱战斗，国家就危险了，大王您的位置就危险了啊！

梁惠王有些惊恐，说那我该如何是好？

孟子说，好的政令不如好的教育那样赢得民众。好的政令，百姓畏服；好的教育，百姓喜爱。好的政令得到百姓的财富，好的教育得到百姓的心。得到百姓的心，还发愁国家不富强吗？

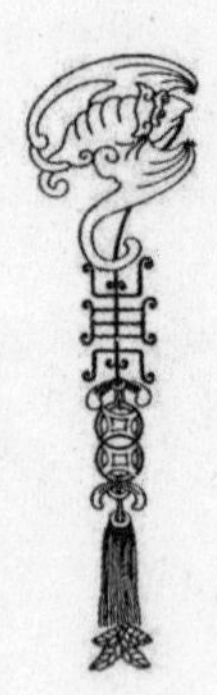

丈夫贵兼济，岂独善一身；安得万里裘，盖裹周四垠？稳暖皆如我，天下无寒人。

选自：唐·白居易诗作《新制布裘》

【大意】

诗人在寒冬腊月做了件新棉袍，穿上之后顿觉温暖如春，转念间忽然想到普天之下还有很多穷苦百姓仍旧在这冰天雪地中忍饥受冻，于是感慨道，大丈夫贵在兼济天下，岂能只为独善其身？不知去哪里才能寻得一件万里大的棉裘，足够覆盖天下四方，让百姓们都能像我一样温暖，从此世上再无苦寒之人。

【评说】

中国人讲“穷则独善其身，达则兼善天下”。但，贫困与显达都是身外之事，只有道义才是根本。所以，穷不能失义，达不可离道。

当我们穷得一塌糊涂时，要做的是“独善其身”。清高地抚慰自己那颗失落的心，奋力地鞭挞那匹落后的马。当人生得意时，应以“兼善天下”的豪情将秋日的硕果分与众人，怀感恩的心报答曾经的贵人，而不是一个人孤芳自赏、独享阳光。

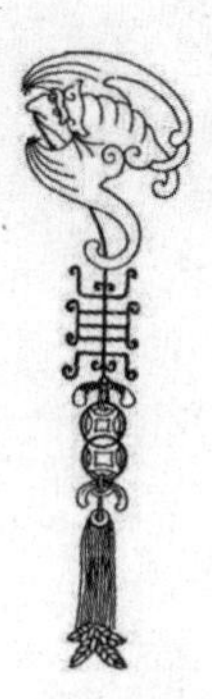

衙斋卧听萧萧竹，疑是民间疾苦声。

些小吾曹州县吏，一枝一叶总关情。

选自：郑板桥《潍县署中画竹呈年伯包大中丞括》

【注释】

这首诗是郑板桥在公元1746—1747年（乾隆十一至十二年间）出任山东潍县（今天的潍坊）知县时赠给包括的。

年伯：为封建社会称同一年考取进士的人为“同年”，后辈称与父辈同一年考上的人为“年伯”。科举时代为对父亲同年登科者的尊称。

【大意】

作者在衙署书房里躺卧休息，这时听到窗外阵阵清风吹动着竹子，萧萧丛竹，声音呜咽，给人一种十分悲凉凄寒之感。

在一个凄风冷雨的夜晚，我在县衙书斋躺着休息，听见风吹竹叶发出萧萧金石之声，联想到那是百姓啼饥号寒的怨声。我们这些小小的州县官，老百姓的一举一动都牵动着我们的心情呀！

【评说】

清末。某知县上任伊始，就在县衙门前贴出一副对联：“一不要钱，二不要命；三不要官，四不要名。” 没过几天，人们就看清了这是一个贪赃枉法、草菅人命的家伙。于是有人在原联上加了几个字，变成了：“一不要钱嫌少，二不要命嫌老；三不要官嫌小，四不要名嫌污。”

历史总会重演，但我不希望被车轮碾碎的是你。

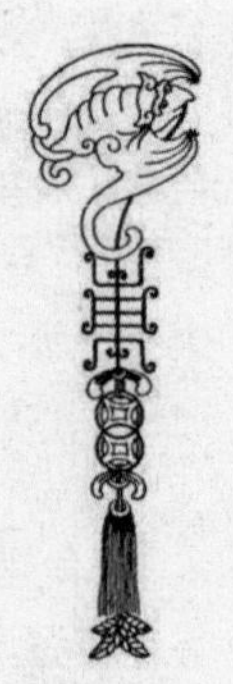

小善虽无大益，而不可不为；细恶虽无近祸，而不可不去。

选自：晋·葛洪《抱朴子》

【大意】

小的善行虽然不能带来大的好处，但是不能不做；小的恶行虽然不能立时惹来灾祸，但是不能不改。

【评说】

清乾隆年间河南巡抚叶存仁离任时，部属们在更深夜静时送来很多礼物。叶存仁十分感慨，赋诗一首：“月白风清夜半时，扁舟相送故迟迟。感君情重还君赠，不畏人知畏己知。”

将礼物全部送还。叶存仁不是怕别人知道，而是怕自己知道，这可是为官做人的最高境界哟！

每个人都是一生一世，在世一日，我们就做一日好人；为官一日，就行一日好事吧！

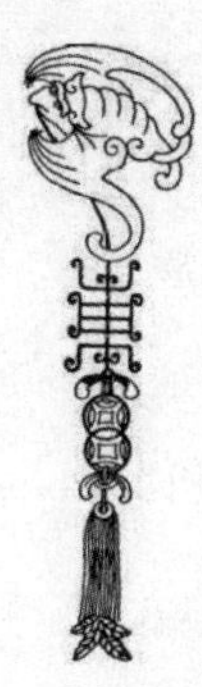

取之有度，用之有节，则常足；取之无度，用之无节，则常不足。

选自：唐·陆贽《陆宣公集》

【大意】

有计划地索取，有节制地消费，就会常保富足。而索取无度，消费与使用无节制，就会时常觉得手头紧张、余额不足。

【评说】

殷纣王即位不久，命人为他琢一把象牙筷子。贤臣萁子力谏，您有了象牙筷子就不想配瓦器，要配犀角之碗，白玉之杯；而玉杯也不能盛野菜粗粮，只能与山珍海味相配；吃了山珍海味就不肯再穿粗葛短衣，住茅草陋屋，而要衣锦绣、乘华车、住高楼。国内满足不了，就要到境外去搜求奇珍异宝。大王不可呀！

纣王不听。时不多日，果然“厚赋税以实鹿台之钱，……益收狗马器物，充仞宫室。……以酒为池，悬肉为林，使男女倮相逐其间，为长夜之饮。”百姓怨而诸侯叛，亡其国，自身“赴火而死”。

人生定要慎对“第一次”。第一次虽然微不足道，却只是大坝决口，洪水一泻而下。只要你收了第一笔贿金，以后的事就不由自主喽！

亲贤臣，远小人，此先汉所以兴隆也；亲小人，远贤臣，此后汉所以倾颓也。

选自：诸葛亮《出师表》

【大意】

亲近贤臣，疏远小人，这是汉朝前期之所以能够兴隆昌盛的原因；亲近小人，疏远贤臣，这是汉朝后期衰败的原因。

【评说】

诸葛亮为什么担心领导干部被小人包围呢？历史证明，只要有权力的地方就会有一个看不见的“权场”。太多的人各图所谋，使尽浑身解数，向着权力中心做定向移动。于是就有了“包围”。权力越大，包围越厚。

如同古代皇帝，被三宫六院包围，无数的宫女、太监、虎贲勇士，以及皇亲国戚，武将文臣，都千军万马、铜墙铁壁地把一个“寡人”包围在当中。

当皇帝想走出去巡视，希望看到一些权力之外的真实。但即便真的走到街头巷尾、市井集市、地头田间，也看不到真实。因为“下面”的人熟谙“接待之术”，一切场景都是精心安排，井井有条，滴水不漏，皆大欢喜。

我们都想“亲贤臣，远小人”，恰恰却被小人亲，而贤人远！

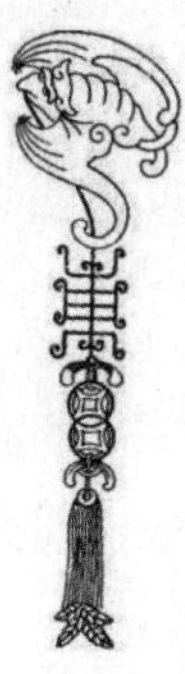

夫损人而益己，身之不祥也；弃老取幼，家之不祥也；释贤用不肖，国之不祥也；老者不教，幼者不学，俗之不祥也；圣人伏匿，愚者擅权，天下之不祥也。

选自：西汉·刘向《新序》

【大意】

有一天，鲁哀公问孔子，我听说，在房子的东边再盖房不吉祥。真有这回事吗？

孔子回答说，不吉祥的事有五件，一、损人利已，是自身的不吉祥；二、抛弃、漠视老人只专心于小孩的，是家庭的不吉祥；三、放弃贤才不用，是一个城市和地区的不吉祥；四、老人不教育年轻人，年轻人与小孩没有学习的热情，这是社会的不吉祥；五、圣人、贤者隐退，坏人贪官专权，是国家不吉祥。请您为百姓做出表率，各自重慎举止，否则老天也保佑不了呀！

【评说】

浮躁是人们肤浅的证据。一个社会若出现这几种现象，我们一定要谨慎应对：为了虚荣而拜佛，心里迷惑去算命，拿《易经》当手艺为赚钱，总把希望寄神灵，大师头衔满天飞，变杂耍的成明星，老板寺院追师傅，动不动就找人看风水，不读经典，畅销书盛行。

当人们脆弱地不再相信自己，是因为学习的能力急剧下降。殊不知：得罪了老天爷，向谁祈祷都没用！

不役耳目，百度惟贞，玩人丧德，玩物丧志。

选自：《尚书·旅獒》

【大意】

不被歌舞女色所役使，百事的处理就会适当。戏弄人会丧失德性，戏弄物就会丧失斗志。

【评说】

楚庄王有一匹喜爱的马，给它穿上华美的绣花衣服，养在富丽堂皇的屋子里，睡在设有帐幔的床上，用蜜饯的枣干来喂它。马因为得肥胖病而死了，庄王派群臣给马办丧事，要用棺椁盛殓，依照大夫那样的礼仪来葬埋死马。

左右近臣争论此事，认为不可以这样做。庄王下令说，有谁再敢以葬马的事来进谏，就处以死刑！

楚国有个老歌舞艺人叫优孟，听到此事，走进殿门，仰天大哭。庄王吃惊地问他哭的原因。优孟说，马是大王所喜爱的，就凭楚国这样强大的国家，有什么事情办不到，却用大夫的礼仪来埋葬它，太薄待了，请用人君的礼仪来埋葬它！

庄王问，那怎么办呢？

优孟回答说，我请求用雕刻花纹的美玉做棺材，用细致的梓木做套材，用楩、枫、豫、樟等名贵木材做护棺的木块，派士兵给它挖掘墓穴，让老人儿童背土筑坟，齐国、赵国的使臣在前面陪祭，韩国、魏国的使臣在后面护卫，建立祠庙，用牛羊猪祭祀，封给万户大邑来供奉。诸侯听到这件事，就都知道大王轻视人而看重马了。

庄王听罢，思索良久，终于清醒，说我的过错竟到这种地步吗？我该怎么办呢？

优孟说，请大王准许按埋葬畜牲的办法来葬埋它：在地上堆个土灶当做坟墓，用大铜锅当做棺材，用姜枣来调味，用香料来解腥，用稻米作祭品，用火作衣服，把它安葬在人的肚肠中吧！

于是庄王派人把马交给了主管宫中膳食的太官，不让天下人长久传扬此事。

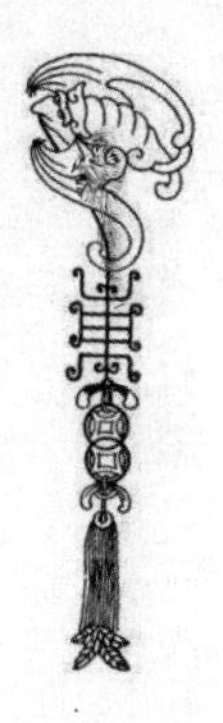

为人臣者，以富乐民为功，以贫苦民为罪。

选自：西汉·贾谊《新书·大政上》

【大意】

身为领导干部，应该把使民众的富裕和欢乐当作自己的责任，把民众的贫穷和苦难当成自己的罪过。

【评说】

春秋战国时期，孙叔敖做了楚国的最高指挥官（令尹），一国的官吏和百姓都来祝贺。有个老人，却穿着麻布制的丧衣，戴着白色的丧帽，最后来吊丧。众人大为惊讶。孙叔敖整理好衣帽出来接见了他，对老人说："楚王不了解我没有才能，让我担任令尹这样的高官，人们都来祝贺，只有您来吊丧，莫不是有什么话要指教吧？

老人说，当了大官，对人骄傲，百姓就要离开他；职位高，又大权独揽，国君就会厌恶他；俸禄优厚，却不满足，祸患就可能加到他身上。

孙叔敖向老人拜了两拜说，我诚恳地接受您的指教，还想听听您其余的意见。

老人说，地位越高，态度越谦虚；官职越大，处事越小心谨慎；俸禄已很丰厚，就不应索取分外财物。您严格地遵守这三条，就能够把国治理好了。

凡武之兴，为不服也；文化不改，然后加诛。

选自：刘向《说苑》

【大意】

只是运用武力征服，百姓口服心不服。如果不改变方略，以德治国，以文化之，迟早也会被别人同样以武力再次讨伐回来。

【评说】

元朝名臣廉希宪官居中书平章政事（仅次于丞相的官员）时，江南大将刘整以高级官员的身份正式拜访他，他居然没有请刘整就座。

刘整离开后，有个衣着破旧的南宋秀才拿着诗文来请见，廉希宪很客气地请秀才入座，与他谈论诗书典籍，关怀他的生活饮食，好像是老朋友。

事后，弟弟廉希贡问道，刘整是大官，你对他并不客气；秀才不过是个清寒的读书人，你却很礼遇他。有这种道理吗？

廉希宪回答说，大臣的举止进退，关系到天下国家。刘整的官位虽尊贵，却是背叛他的祖国南宋和君主来归顺投降的。南宋秀才并没有罪，没有必要让他难堪、困穷。当今我们的国家是从北方沙漠崛起的，对这些文人如果不尊重些，则儒家的学术、礼仪从此就将失传了。

【敬业篇】

心诚求之，虽不中，不远矣。未有学养子而后嫁人也。

选自：《大学》

【大意】

任何事情，用真心待之，用诚心做之，即使没有达到目的也离目标不远了。从来没有人先学如何养小孩然后才嫁人的。

【评说】

清代文学家彭端淑创作的《蜀鄙二僧》，记载了两个和尚的故事。

在四川境内有一个穷和尚，一个富和尚。穷和尚对富和尚说，我想要到南海，怎么样？

富和尚说，南海太远了，你凭借什么去？

穷和尚说，我只要一个瓶子和一个饭钵就足够了。

富和尚说，我几年来一直想要雇船顺江而下，还没能够去成呢，你凭借双脚就能去南海吗？

到了第二年，穷和尚从南海回来，把自己步行去南海的这件事告诉了富和尚。富和尚脸上露出了惭愧的神色。

在大众创业、万众创新的时代，面对千里路程别无他法，勇敢地迈出第一步，就已经成功了一半！

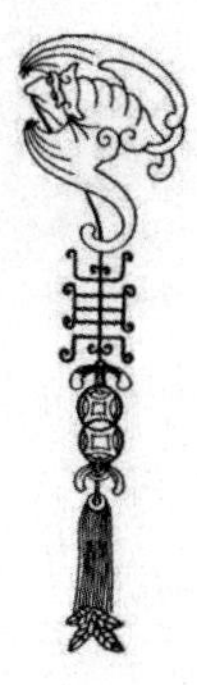

不一则不专，不专则不能。

选自：苏轼《应制举上两制书》

【大意】

不专心于一件事情，一个领域，就很难有专长；没有专长，就会落后于他人，丧失自己本有的能力。

【评说】

周朝有个人，一生多次求官没有得到君主赏识，直到年老鬓发斑白。这天在路上哭起来。有人问道，您为什么哭泣呢？

他回答说，我几次谋官都得不到赏识，现在自己伤心已经年迈，失去机会了，因此伤心地落泪。

那人又问，您为什么一次都得不到赏识呢？

他回答说，我少年时苦读经史，后来文才俱备，试图求官，不料君王却喜欢任用老年人。这个君王死后，继位的君王又喜欢任用武士，我改学武艺，谁知武功刚学成，好武的君王又死去了。现在新立的君王开始执政，又喜欢任用年轻人，而我的年龄已经老了，所以终生不曾得到一次赏识，未能做官。

生活本如此，谁不专一，谁就失去机会；谁没有耐心，谁就没有智慧。

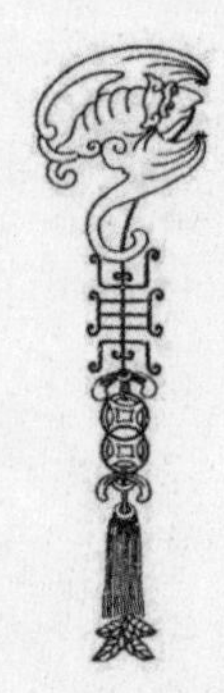

人一能之，己百之；人十能之，己千之。果能此道矣，虽愚必明，虽柔必强。

选自：《中庸》

【大意】

别人下一个功夫，我下上百个功夫；别人下十个功夫，我下上千个功夫。如果坚持如此，尽管我的资质差，也能明智；尽管弱小，有了这种“己百己千”的真诚精神，也就功到自然成了。

【评说】

西汉名将李广外出打猎，看到草丛中的一块石头，以为是老虎。情急之下，全神贯注，张弓而射，倾尽全身之力，一箭射去，把整个箭头都射进了石头里。走过去才发现不是老虎，而是石头。

李广也觉得奇怪，为何自己有如此大的功力？过后再射，怎么也射不进石头里去了。

这就是真诚的精神。当一个人认了真，世上无难事！

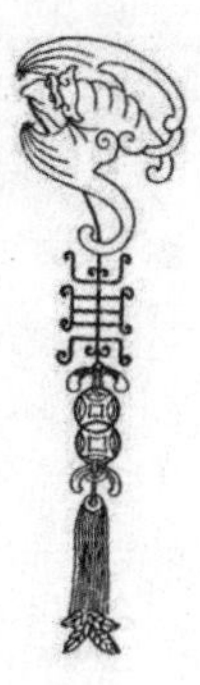

正己然后可以正物，自治然后可以治人。

选自：《宋史·岳飞篇》

【大意】

正确审视自己才可以做好事情，严格要求自己才可以管理别人。

【评说】

英国伦敦威斯敏斯特大教堂地下室的墓碑林中，有一块名扬世界的墓碑，上面刻着令我们警醒和激励的话：

当我年轻的时候，我的想象力从没有受到过限制，我梦想改变这个世界。

当我成熟以后，我发现我不能改变这个世界，我将目光缩短了些，决定只改变我的国家。

当我进入暮年后，我发现我不能改变我的国家，我的最后愿望仅仅是改变一下我的家庭。但是，这也不可能。

当我躺在床上，行将就木时，突然意识到：如果一开始我仅仅去改变我自己，然后作为一个榜样，我可能改变我的家庭；在家人的帮助和鼓励下，我可能为国家做一些事情。然后谁知道呢？我甚至可能改变这个世界。

瞻彼淇奥，绿竹猗猗。有匪君子，如切如磋，如琢如磨。瑟兮僩（xiàn）兮，赫兮咺（xuān）兮。有匪君子，终不可兮。

选自：《诗经·国风·卫风·淇奥》

【注释】

淇：淇水，源出河南林县，东经淇县流入卫河。卫河，春秋时因卫国地属得名，是由古代的白沟、永济渠、御河演变而来，发源于山西太行山脉，流经河南新乡、鹤壁、安阳，沿途接纳淇河、安阳河等，至河北馆陶与漳河汇合称漳卫河。再流经山东临清入南运河，至天津入海河。今在沧县南又挖成捷地减河，引洪水直接入海。

【大意】

看那淇水弯弯的岸边，嫩绿的竹子郁郁葱葱。有一位文质彬彬的君子，研究学问像加工骨器一样，不断切磋；修炼自己像打磨美玉，反复琢磨。他庄重而开朗，仪表堂堂。这样的一个文质彬彬的君子，真是令人难忘啊！

【评说】

什么是工匠精神？

用心做事，淡泊名利，专业专注，精益求精。把灵魂的本真融入所做的事业。然后，注重细节，追求完美和极致，孜孜不倦，反复改进，把99%提高到99.99%。

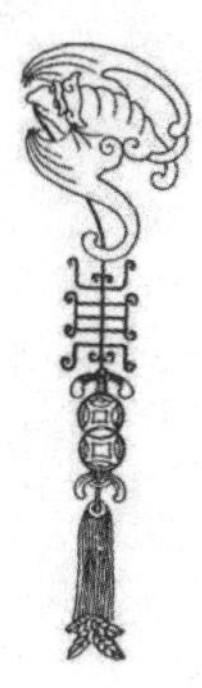

汤之《盘铭》曰：苟日新，日日新，又日新。

选自：《大学》

【大意】

商汤王刻在浴盆上的箴言说：如果能够有一天自新，就应保持天天自新，永远不断自新。

【评说】

东汉学者董遇从小喜欢学习，不管走到哪里身上总是带着书，一有时间就坐下来学习。

有人问董遇，你是怎么读书的？

董遇回答，我不过利用“三余”时间罢了。

这个人好奇地问，什么是“三余”时间？

董遇说，冬天是一年的剩余，夜晚是白天的剩余，下雨是晴天的剩余。只要用好了这“三余”时间，就有时间读书了。

您“余”下的时间是在刷微信吗？

盛年不重来，一日难再晨，及时当勉励，岁月不待人！

气也者，虚而待物者也。唯道集虚。

选自：《庄子·人间世》

【大意】

真气、志气、神气，来自于凝寂清虚的心境，与天气相融，从而应待宇宙万物。这是一种与天地之气汇集的凝寂虚空的心境。

【评说】

虚怀若谷，不单说谦虚，还告诉人们只有虚空才能接纳，才能融入。譬如，口袋虚，可容物；房子虚，可容人；银行虚，可容钱；网络虚，可容交流、交易；田地虚，可容谷米稻粱。

有的人挣一百个亿能运用自如，因为他有一百个亿虚空的心智，如同仓库无限大一样。有的人多发一万奖金就睡不着觉，因为他缺乏虚空的本领，库房太小。

人的最终成功是看谁心量大，看谁能承受功名利禄，看谁能承受掌声鲜花，看谁能承受寂寞清净，看谁能承受家国担当，看谁能承受“天下为重”。

这一切都叫“物”。《庄子》说：虚而待物。《周易》说：厚德载物。王阳明说：心外无物。

人，要能承接物，承受物，容纳物，融化物，所以叫人物。这世界，不缺人才，急缺人物。

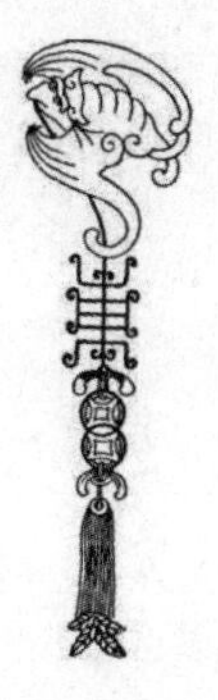

见贤而不能举，举而不能先，命也。见不善而不能退，退而不能远，过也。好人之所恶，恶人之所好，是谓拂人之性，灾必逮夫身。

选自：《大学》

【大意】

发现贤才而不能选拔，选拔了而不能重用，这是轻慢；发现恶人而不能罢免，罢免了而不能把他驱逐得远远的，这是过错。喜欢众人所厌恶的，厌恶众人所喜欢的，这是违背人的本性，灾难必定要落到自己身上。

【评说】

提拔了好人，不好的人自然就远远地离开。提拔了恶人，谄媚逢迎就会紧密相随。不要看他的表现，因为那未必是真相。看他的家庭教育怎么样，看他的父母幸福不幸福，看他的儿女是否有教养，看他的朋友圈干净不干净。

功名多向穷中立，祸患常从巧处生。

选自：陆游·《读史》

【大意】

一个人的功业大多是建立在贫穷和困苦中的，而祸患常常从玩乐、享受中滋生。

【评说】

宋徽宗赵佶（jí）也许是中国最有才气的皇帝，其对北宋时期的书画艺术、文化发展都起到了很大的倡导和推动作用。琴棋书画、诗词歌赋，无不精通，还自创了“瘦金体”书法，一生的诗词字画作品无数。

宋徽宗在艺术领域及其他很多方面都称得上成绩斐然，但是，遗憾的是他单单没有做好自己的本职工作——治理天下。把自己最该做的治理国家的头等大事交给了蔡京、童贯等祸国奸臣，导致朝野上下穷奢极欲，大肆兴建楼台殿阁，滥增捐税，以致山河日下。外有金兵入侵，内有起义不断，而京城却一片歌舞升平，赵佶甚至不知道江山社稷已经朝不保夕。

什么意思？

一个人没能做好该做的事，其他都等于零。

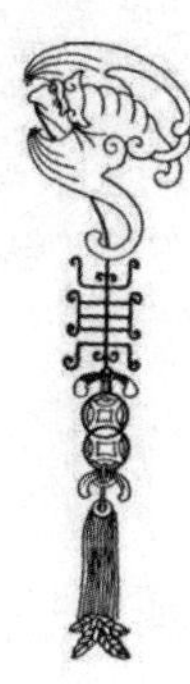

不贵于无过，而贵于能改过。

选自：王阳明·《传习录》

【大意】

人，可贵的不在于没有错误，而在于能够改正错误。

【评说】

春秋战国时期，秦国与晋国的一次战斗中，秦孝公欲生擒晋惠公，结果反遭晋国军队围攻，情势非常严重。此时，突然冲进一队人马，杀散了晋国军队，不但救出了秦孝公，而且还擒获了晋惠公。这一队人马并非秦孝公所带之正规军队，却被称作“三百敢死队”。

这一队人马是一些什么人，为什么战斗力如此之强？

话说曾经秦孝公的一匹宝马跑丢了，被一群乡下人逮到，杀掉了，此时地方官吏得到消息，派人禀报秦孝公，请求杀死这些人。但是，秦孝公却说，吃宝马肉需要美酒，否则容易出毛病，随即派人送美酒给那些想吃宝马肉的人……

而这一群乡下人就是后来的“三百敢死队”。

没有哪个人没有缺点。所以，正确对待犯过错的下属哟！

子路宿于石门。晨门曰：奚自？子路曰：自孔氏。曰：是知其不可而为之者与？

选自：《论语·宪问》

【大意】

子路在石门过夜。早晨开城门的人问，从哪里来？子路说，从孔氏那里来。那人说，就是那个明知做不到却还是要做的人吗？

【评说】

弟子问禅师：有人不分析优势和劣势、机会与威胁，头脑一热，贸然行事？

禅师：这是愚人。

弟子：明明很困难，别人都说不行，有的人非要力排众议、特立独行？

禅师：这是智者。

弟子：明知山有虎，偏向虎山行是智者吗？

禅师：你认为是虎，他认为是猫。你害怕被虎吃掉，他却有打虎的能力。

弟子：您是说我们有时不理解、甚至嘲笑某些人的用心，是因为我们和他有距离？

禅师："挽狂澜于既倒，扶大厦之将倾"是伟人，而常人早吓得四散分离、奔走相告。

弟子：做别人做不到的、想别人想不到的、坚持别人不能坚持的、改变别人不能改变的，是否太辛苦？

禅师：成功的路并不辛苦，也不拥挤，因为有信念的人并不多。光说不做的，吃喝玩乐的，早就落在后面。夏天嫌热，冬天怕冷，他们不敢上路。亲人打击，朋友嘲笑，他们就退缩了。不去学习，死不改变，自以为是，他们在等死。能坚持下来的自然成功！

曾子曰：吾日三省吾身，为人谋而不忠乎？与朋友交而不信乎？传不习乎？

选自：《论语·学而第一》

【大意】

曾子说：我每天多次反省自己，在单位工作是不是尽心竭力了呢？同朋友交往是不是做到诚实可信了呢？老师传授给我的知识和我所学到的内容是不是实践力行了呢？

【评说】

作为一名员工，应该这样问自己：

我今天的工作是否有缺点？

我今天的工作是否有偷懒的行为？

我今天的工作是否尽了全力？

我今天是否做过损害别人的事？

我今天是否说过不当的话？

作为一名老师，应该这样问自己：

是不是做到对每个学生都一视同仁？

课堂上叫学生发言时有没有偏袒某些学生？

是否注意让每个学生一天都有一次发言的机会？

是否注意随时随地表扬肯定孩子的优点？

作为一名医生、律师、法官、警察、商人、厨师、农民和国家工作人员，你该怎样问自己呢？

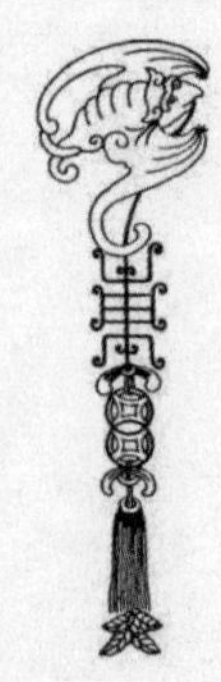

老子曰：天之道，损有余而补不足。人之道，则不然，损不足以奉有余。

选自：《道德经·第七十七章》

【大意】

老子说：自然的法则，是损减有余来补充不足。人类社会的世俗却不然，而是损减贫穷不足来供奉富贵有余。

【评说】

总觉得时间富裕之人大多一事无成。所以，老天爷把你富裕的时间拿走，给那些忙碌的、辛苦的、时间不够的。这叫“损有余而补不足”。

为什么有人越来越弱小，越来越贫困，越来越狭隘？还不是自己损害自己，不珍惜自己，不爱护自己。把懒惰当欣喜，当享受，实则把福气都让给那些成功者了。这叫“损不足而益有余”。

优秀者愈优，是因为看得远。不单看得远，还一直在行动。一步一步地走，一天一天地行。

勇气何来？

日日行，不怕千万里；常常做，不怕千万事。

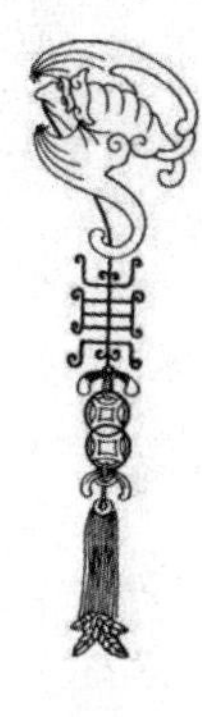

孟子曰：虽有天下易生之物也，一日暴（pù）之，十日寒之，未有能生者也。

选自：《孟子·告子上》

【大意】

孟子说：即使是天下最容易种植与生长的植物，将它曝晒一天，再冻它十天的话，也没有能够顺利地活下来的。

成语“一曝十寒”来源于此。

【评说】

经常听到“吃完这顿饭就减肥”的话，我知道。她只是准备减肥而已，而且一直准备着。

还听到，“忙完这阵子就读书”。但一般情况下，他的这阵子很长，很长，总有忙不完的事。

凡是把希望寄托在下一站的人，很可能也会错过这班车。有志者立志长，无志者常立志。心灵软弱的人最没有空闲。

子曰：君子不以言举人，不以人废言。

选自：《论语·卫灵公第十五》

【大意】

孔子说：一个好的领导干部任用人才时，不单凭一个人说话好听就举荐他，也不因对一个人的好恶而不采纳他的建议与意见。

【评说】

治理之道，就是善于用人之所长，避人之所短，也就是使人人各得所宜，而都能各扬其所长，避其所短。

对于所选用的人才，最基本的要知道他三点情况：

1. 了解他喜欢什么和厌恶什么，就可以知道他的长处和短处；

2. 观察他同什么样的人交往，就能判断他的水平和能力高低；

3. 留意他微信、微博的言论，就能知悉他价值观的走向。

不了解人就不能很好地使用人，没有很好地使用人就是因为你没有了解人。得人之道，在于识人。而识人之前，重在观人。观人重在言与行，识人重在德与能。

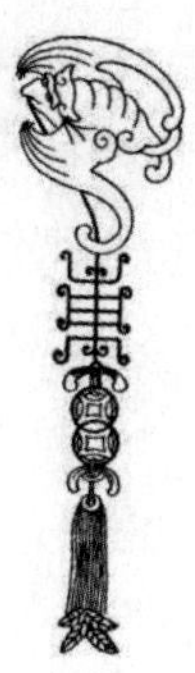

子曰：骥不称其力，称其德也。

选自：《论语·宪问第十四》

【大意】

孔子说：千里马最值得称赞的不是它的气力和速度，而是它的品德。

【评说】

千里马有两种精神。

第一，不是精良的饲料和干净的泉水宁可饿死都不接受。这叫“受大而不苟取”。如同一个有智慧的人，应该讲究“精洁”，对无益的东西，不但不“苟取”，而且要拒而不受。有些人就不同了，饥不择食，对左道旁门、杂七杂八的东西尤为感兴趣，还经常在朋友圈里晒。

千里马的另一种精神是，披甲戴盔奔驰，一开始好像不是很快。等到跑了一百多里后，才开始挥动鬣毛长声鸣叫，奋振四蹄迅速奔跑，脱下鞍甲不喘息、不出汗，就好像没有事的样子。这叫“力裕而不求逞”。而一般的马就不同了，缰绳没收紧就跃跃欲试，迅速奔跑，刚到一百里，力气竭尽，汗水淋淋，气喘吁吁，几乎死去的样子。

正像恃才傲物、旁若无人和急于求成的我们，未见大阵仗便已气衰力竭。如何负重远行？

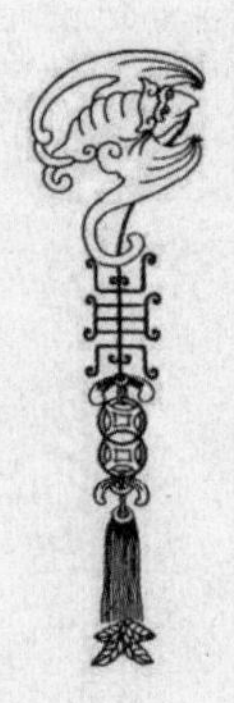

夫哀莫大于心死，而人死亦次之。

选自：《庄子·外篇·田子方》

【大意】

一个人最大的悲哀是精神世界的死亡，而肉体的死亡则排在其次。

【评说】

有个研究成功的机构，曾经长期追踪100个年轻人，直到他们年满65岁。结果发现，只有一个人很富有，其中有5个人有经济保障，剩下94人情况不太好，晚年生活拮据，应该算是失败者。这94人之所以晚年拮据，并非年轻时努力不够，主要是因为没有选定清晰的目标。

目标不清晰，立志不坚定，是人生的悲哀。如同一具没有灵魂的尸体行走在社会上。太可怕了！

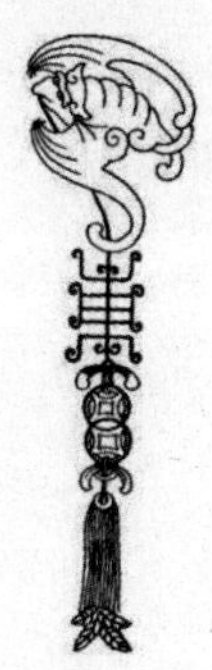

不谋万世者，不足谋一时；不谋全局者，不足谋一域。

选自：清末·恩科举人·陈澹然·《寤言》

【大意】

没有长远规划，急功近利是无用的；没有大局意识，可能连一件小事也做不好。

【评说】

有个员工，到公司工作快三年了，比他后来的同事陆续得到了升职的机会，他却原地不动，心里颇不是滋味。终于有一天，他找到老板理论。

老板看出他的心意，说先帮我个忙，一家客户准备到公司来考察产品状况，你去问何时过来。

十分钟后他回到老板办公室说，联系到了，他们说可能下周过来。

具体是下周几？老板问。

这个我没细问。

他们一行多少人，是乘高铁还是飞机？

员工有些抱怨，说这个您也没叫我问呀！

老板不再说什么，打电话叫一个比他晚到公司一年却是部门经理的人过来，也安排了相同的任务。

一会儿，那经理回来了。说，他们是乘下周五下午 3 点的飞机，大约晚上 6 点钟到，他们一行 5 人，由采购部王经理带队，我跟他们说了，我公司会派人到机场迎接。另外，他们计划考察两天时间，具体行程到了以后双方再商榷。为了方便工作，我建议把他们安置在附近的国际酒店，如果您同意，房间明天我就提前预订。还有，下周天气预报有雨，我会随时和他们保持联系，一旦情况有变，我将随时向您汇报。

老板拍了他一下说，现在我们来谈谈你提的问题。

那员工说，不用了，我已经知道原因，打搅您了。

子谓子产有君子之道四焉：其行己也恭，其事上也敬，其养民也惠，其使民也义。

选自：《论语·公冶长第五》

【大意】

孔子评论郑国宰相子产有君子的四种为政之道：他对自己要求严格，行为庄重；他事奉君主，忠诚恭敬；他养护百姓，教化恩惠；他役使百姓，法度仁义。

【评说】

做一个修身律己、仁厚慈爱、轻财重德、爱民重民的领导，多好呀！

有一尘不染的心境，两袖清风的做派，三思而行的谨慎，四方赞誉的称颂，多好呀！

不贪名利，不贪浮华，不贪虚名，克己奉公，俭朴养廉，品行端正，宽厚有节，多好呀！

掩耳盗铃的私心一点不存，悬羊卖狗的假事半件不做，多好呀！

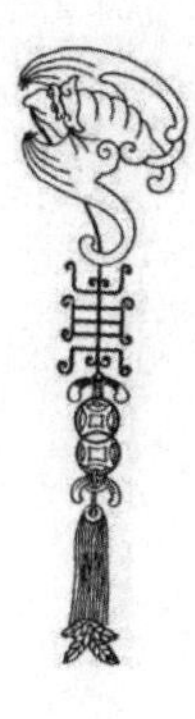

子曰：孟之反不伐，奔而殿，将入门，策其马，曰：非敢后也，马不进也。

选自：《论语·雍也第六》

【大意】

公元前484年，鲁国与齐国打仗。鲁国右翼军败退的时候，鲁国大夫孟之反冒着生命危险断后，掩护败退的鲁军。

孔子了解情况后，给予高度的评价说，孟之反不喜欢夸耀自己。战争败退时，他留在最后掩护全军。快进城门的时候，他鞭打着自己的马说：不是我敢于殿后，是马跑得不快!

【评说】

我们发现，这个世界上，干出成绩还退而求其次的人，活得都很优雅。而那种上蹿下跳、左右逢源者，最终也未必好到哪里去。

人要活得精彩，要做好3个转身：一是，别人如何评价你的背影；二是离开单位或退休，别人是否会有所怀念；三是死了以后，别人有没有觉得惋惜。

子曰：君子惠而不费，劳而不怨，欲而不贪，泰而不骄，威而不猛。

选自：《论语·尧曰第二十》

【大意】

孔子说：一个好的领导干部要有五种美德：一是使百姓或下属得到好处，自己却无所耗费；二是安排工作得体得力，百姓和下属没有抱怨；三是有上进心，却不贪图财利；四是安详舒泰、平易近人，而不骄傲放肆；五是要庄重威严，而不凶猛彪悍。

【评说】

很多人是靠权力来领导他人的，因为他们不得不听从你。但，作为一名好领导需要下属的认同。有认同，才有追随。追随你的原因，是因为你值得追随。所以，领导者当有爱。不单给下属发展空间、优化职业生涯，还要帮他做人、修身和齐家。不然，你不是在领导他人，而是在操纵他人。你就不应该去做一个领导。

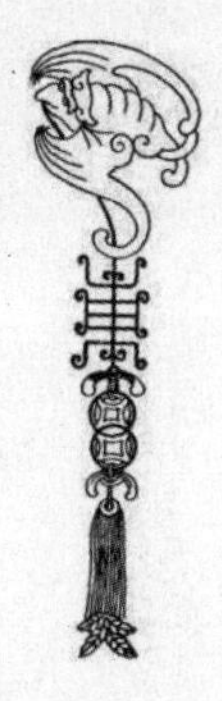

何谓至行？曰庸行；何谓大人？曰小心；何以上达？曰下学；何以远到？曰近思。

选自：《格言联璧》

【大意】

什么是卓越的品行？做平常人，走平常路。
什么是高尚的位置？严以律己，谨慎小心。
怎么样才能与智者为伍，与德者同行？谦虚努力，踏实好学。
怎样才能实现自己远大的理想？深思熟虑，万万不可好高骛远。

【评说】

我的座右铭是：把大事做小，把小事坚持。后来，我的小事越来越大，越来越好。

这世界，没有横空出世的美好。任何一种伟大都是熬出来的。想达到人生千里路程的终点，别无他法，只能靠你一步一步地走！

做人要地道，好人有好报；做事要踏实，步履才坚实！

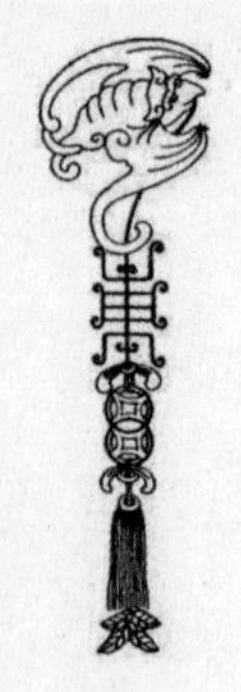

毋（wú）不敬，俨（yǎn）若思，安定辞。安民哉！

选自：《礼记·曲礼》

【大意】

凡事都不要不恭敬，态度要端庄持重而慎重思考，说话安稳平静而充满自信。这样，才能够使众人信服。

【评说】

处事十法：

1. 比我善良而能干的人，要和他友好且敬重他；
2. 对于自己所爱的人，要能分辨出其短处；
3. 对于厌恶的人，也要能看出他的好处；
4. 能赚钱，就要会花钱。将钱分派出去，以帮助更多的人；
5. 即使适应了鲜花掌声和粉丝追随，也要适应有一天的寂寞冷清和无人问津；
6. 遇到财物不随便取得，遇到危难不要轻易逃避；
7. 尊敬意见相反的人，不要气势汹汹压服人家；
8. 分配东西时，不可要求多得；
9. 自己也不肯定的事，不要乱作证明；
10. 已经明白的事理，也不要自夸说：这事，我早已知道了！

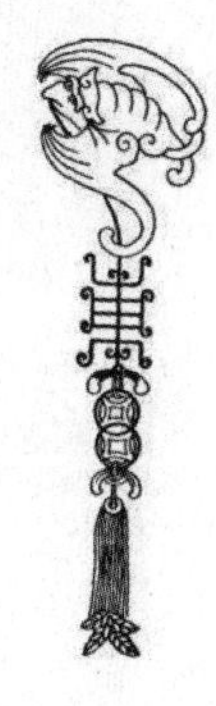

君子之事上也，也忠以敬，其接下也，必谦以和；小人之事上也，必谄以媚，其待下也，必傲以忽。

选自：《格言联璧》

【大意】

君子对待领导，一定是忠诚而恭敬的；接待下属，必然是谦虚而和悦的。

小人对待领导，大多是奉承而献媚的；对待下属，更多是傲慢而残酷的。

【评说】

忠诚，是刻在生命里的碑文；
谦和，是平易近人的威信；
谄媚，是迅速止渴的毒酒；
傲慢，是杀死自己的凶手。

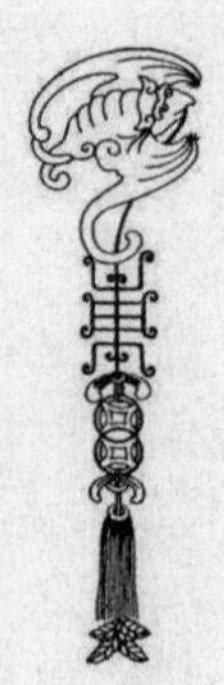

子曰：不患无位，患所以立；不患莫己知，求为可知也。

选自：《论语·里仁第四》

【大意】

孔子说：不要忧虑没有职位，而应忧虑自己没有任职的德行与能力。不必担忧没有人知道自己，而要担忧自己没有值得人们知道的德行和能力。

【评说】

我们自己要善良，但不能要求所有人都善良；我们自己要宽容，但不一定同时也被别人宽容；我们可以做到内心尊重，但不要期望社会也完全尊重你的内心；我们能够做到忠诚老实，但不意味所有人都会相信你。不被人理解，说明自己还需努力；看别人不顺眼，是自己修养不深。

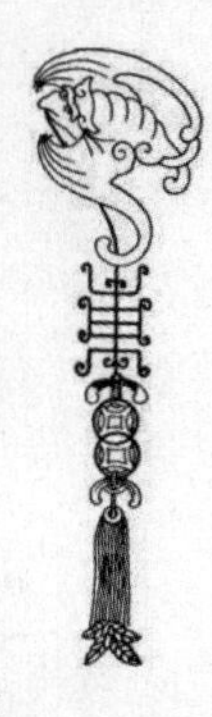

上好礼，则民莫敢不敬；上好义，则民莫敢不服；上好信，则民莫敢不用情。

选自：《论语·子路第十三》

【大意】

作为领导，只要重视礼，下属就不敢不敬畏；只要重视义，下属就不敢不服从；只要重视信，下属就不敢不用真心实情来对待。

【评说】

一个人，如果地位高、有威信、受人敬重，那他所说的话及所做的事就容易引起别人重视，并让他们相信其正确性。这就是“人微言轻和人贵言重”的区别，也叫权威效应，明星代言便是这个道理。孔子给出了引进人才的最好方案：领导以身作则，重视礼，重视义，重视信。长此以往，恐怕四面八方的人才，就会携家带口来投奔了。

吾尝终日而思矣，不如须臾之所学也；吾尝跂而望矣，不如登高之博见也。

选自：《荀子·劝学》

【大意】

我曾整天踌躇满志，也曾怨天尤人，后来终于明白，不如立刻投入学习，即使片刻时间，收获也很大；我曾踮起脚想看得更远，这都是徒劳，不如登上高处见得更广。

【评说】

我们总会遇到比自己优秀的人。有仰望，有追随；有鲜花掌声，有点赞不停；有明目张胆地吹捧，也有隐隐约约地嫉妒。

这一切都来自差距。有差距不可怕。可怕的是，明明人家超出我们许多，竟然还没黑带白地学，不分节假日地干，身心灵动地想。

可咱呢？

减肥，从明天开始；锻炼，到退休后再说；读书，忙完这阵子就读。完了，真完了。您还琢磨着，这周六我睡到几点的时候，人家在早晨7点就做完一合同，思考一问题了。对了，是一边跑步一边思考的。然后，洗个澡，听音乐，入禅定，吃早餐。

可咱呢？

好不容易醒来，在床上玩微信。

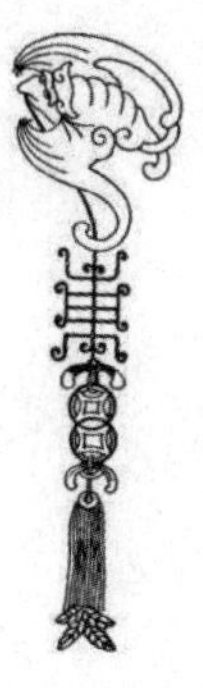

有所取必有所舍，有所禁必有所宽。

选自：宋·苏轼《策别第十》

【大意】

要有所获取，就一定要有所舍弃；要有所禁止，就一定要有所宽容。

【评说】

星秤的老板迎来一刁钻客人。

要求做一杆九两的秤，声称可以多付钱。老板一听便气不打一处来，心想：这家伙定是在经营中想缺斤短两、坑害顾客。于是便偷偷地为其星了一杆十一两秤。

来人千恩万谢地走了。一年后又回来了，并带着很多礼物来感谢。说幸亏当年老板星的九两秤，一斤少给一两，一年来赚得盆满钵丰。

老板甚是奇怪，明明一斤多赔一两，怎么还会赚钱？等来人走后终于明白，原来那家伙不是一斤多赔了一两，而是每次销售都多了一份信誉和心意。

顾客不可欺。像生活，谁欺骗谁买单。出来混迟早是要还的！

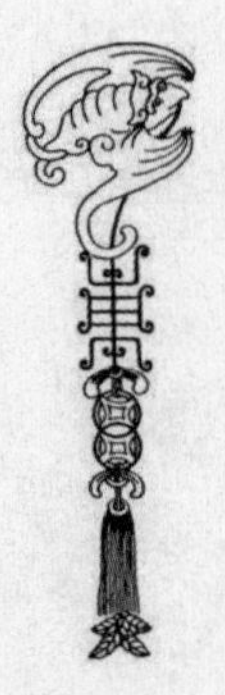

不饱食以终日，不弃功于寸阴。

选自：葛洪《抱朴子·外篇》

【大意】

不要整天吃饱喝足没啥正事，不要因为懒惰而浪费时间，温水煮青蛙一般，败得很惨。时间不多了，赶紧珍惜吧。

【评说】

很多人喜欢“睡到自然醒”。

什么意思？

与自然一块醒。天亮起床，天黑睡觉。人是不该12点以后睡觉的。子时，是一天当中阳气最弱、阴气最盛的时候。我们大多的病来自于阳气丢失。阴气入体，萎靡不振，腰酸背痛，精神恍惚。所以，患癌症不是偶然的。胃病、抑郁症、减肥不成功与睡得太晚有直接关系。

再加上早晨起得很晚，便不能正常去厕所。5点到7点是大肠排毒时间，没有排毒，长期以往自然就会中毒。7点到9点是小肠大量吸收营养的时候，而你却不吃早餐，如何给它输送供给？

一个不会睡觉，不会吃饭，不会排便的人则能敬业？

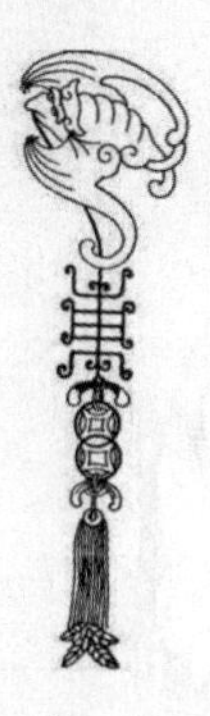

子路问事君。子曰：勿欺也，而犯之。

选自：《论语·宪问》

【大意】

子路问怎样对待领导。孔子说：不能欺骗他，但可以一颗正直的心对他提意见或建议。

【评说】

春秋时代，晋灵公贪图享乐，派人造一座九层的琼台。怕有劝阻，下令说，谁敢进谏一律杀头！

大臣荀息知道后，便来求见晋灵公。晋灵公为了防止荀息劝阻，命武士弯弓搭箭，只要荀息一开口劝谏，便立刻把他射死。

荀息见到晋灵公后，故作轻松地对晋灵公说，我今天来拜见大王，并不敢向你规劝什么，只是来给你表演一个特技。我能够把 12 颗棋子垒起来， 再把 9 个鸡蛋垒上去而不会倒坍。

晋灵公听了，便叫荀息表演。荀息先把 12 颗棋子垒起来，再把鸡蛋一个个加上去。晋灵公见了，在一旁大叫危险!

荀息则慢条斯理的说，这有什么危险，还有比这更危险的呢。

晋灵公问他更危险的是什么。

荀息说，大王，您造九层高台，弄得国内已没男人耕地，国库空虚，一旦外敌人侵，国家危在旦夕，难道不更危险吗？

晋灵公听了，这才醒悟过来，立刻下令停止了九层高台的工程。

您明白为什么“党政机关停止新建楼堂馆所”的含义了吧?

【诚信篇】

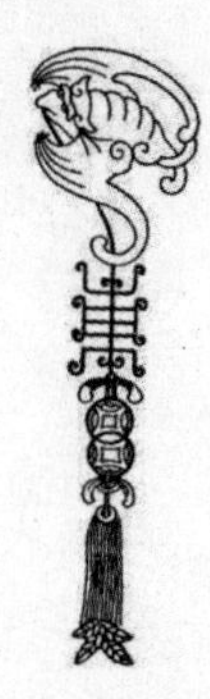

欲正其心者，先诚其意。

选自：《大学》

【大意】

想端正自己的思想，就必须表现出虔敬般的真诚，只有虔敬的真诚才会成为正人君子。

【评说】

有大臣上书请求斥退唐太宗身边那些佞邪的小人。唐太宗对上书的人说，我任用的人都认为自己是贤臣，你知道佞臣是谁吗？

那人回答说，请陛下假装发怒，来试一试身边的大臣们，如果谁不怕雷霆之怒，依然直言进谏，那就是正直的人。如果谁一味依顺陛下，不分曲直地迎合皇上的意见，那就是佞邪的人。

唐太宗说，流水是否清浊，关键在于源头。君主是施政的源头，臣民就好比流水，君主自行欺诈妄为，却要臣下行为正直，那就好比是水源浑浊而希望流水清澈，这怎么能办得到呢？

我常常认为魏武帝曹操言行多诡诈，所以很看不起他的为人，现在如果让我也这么做，不是让我效仿他吗？这不是实行政治教化的办法！

唐太宗继续对上书的人说，我要使诚信行于天下，不想用诈骗的行为损坏社会风气，你的话虽然很好，但我不能采纳。

言无常信，行无常贞，唯利所在，无所不倾。

选自：《荀子·不苟》

【大意】

若一个人说话不讲信用，行为不讲节操，凡事以利为重，则家、国、社会皆可陷害。

【评说】

柳宗元讲了一个“鞭子”的故事。

市场上有个人卖鞭子，鞭子价值五十块钱，他却说值五万。人家若还价五十，这人就假装笑弯了腰；还五百，就假装一点恼火；还五千，就假装大怒。

有个富家子，出五万买了他的鞭子，拿着来向我夸耀。看那鞭子的顶端，卷曲不舒展；手握的地方，歪斜不直；鞭子的纹理，前后衔接不和谐流畅；它的鞭节朽败还没有纹理；用指甲掐感觉指甲陷进去，缺乏韧性的反作用力；举起它，飘飘然如同无物。

我说，你怎么买这样的鞭子却不可惜那五万啊？

富家子弟回答说，我喜欢它的黄色和光泽，并且卖的人说这是一条神鞭。

富人用了三年。有一天从东郊出城，在长乐坡下与人争道。马互相踢，于是拼命甩鞭子，鞭子折断成五六节。马互相踢打不断，摔倒在地上，受了伤。看那鞭子里面是空空如也，它的质地如粪土，无所依赖。

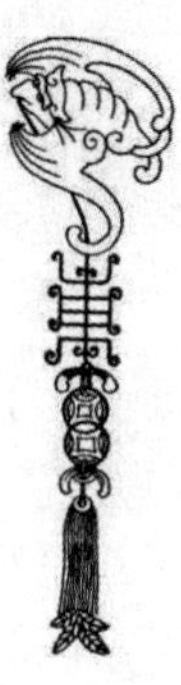

币厚言甘，人之所畏也。

选自：司马光《资治通鉴·晋纪》

【大意】

厚厚的钱币，甜甜的美言，这是人所应当畏惧警惕的东西啊！

【评说】

司马光说，有一天我看见孩子们在路上拣柴火，童子之间约定道：看见柴火先喊的人得柴火，后面的人不可以和他争抢。

他们都回答道，好！然后继续前行，互相谈笑嬉戏，非常开心。

突然，惊讶地看见路上一根小柴火，其中一个人先喊了，但是所有的孩子还是争抢那小柴火，并互相抽打，有的人因此受伤。

我忧虑地看着，赶紧往回走并叹息道，唉！天下的利益比路上横着的一根柴火大多了，我没有戒备而每天和人们交往，凭借他们开心的表情而相信他们守约。一旦有人先呼喊还要争斗，可能不受伤吗？

诚信，不在表白，而是遇到利益后看他如何分配。

掩目捕雀。

选自：南朝·宋·范晔《后汉书·何进传》

【大意】

捂住自己的眼睛去捕麻雀。和“掩耳盗铃”意思相同。说的是捉麻雀的人怕麻雀看见而飞走，连忙捂住自己的眼睛。生动地讽刺了那种自己欺骗自己的人的愚蠢行动。

【评说】

刘禹锡讲了一个“昏镜”的故事。

有个制作镜子的工匠，在店铺的镜匣里陈列了十面镜子。打开镜匣一看，只有一面洁白明亮，其余九面都是朦胧模糊的。

有人说，这十面镜子优劣不相称的太厉害了。

制镜工微笑着道歉说，不是镜子不能做到全是洁白明亮的。大多商人的意愿，仅仅只能卖出镜子而已，如今来买的人，一定看过许多镜子，选择与自己容貌相宜的镜子。那清澈的镜子不能掩盖极细微的缺陷，不是面目较好的人就不能用，喜爱模糊的镜子的人十个中有九个，而喜爱明镜的十个中难有一个。

有缺陷而不愿看到自己的缺陷，所以不愿意购买明镜。 终于知道美颜手机为何那么畅销了。

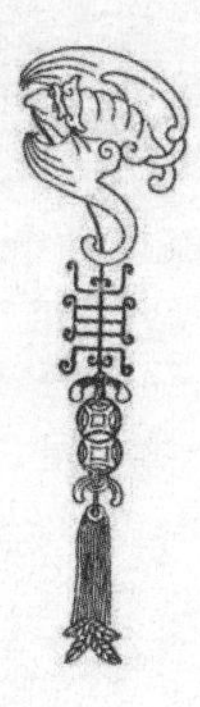

省（xǐng）察克治之功，则无时而可间。

选自：王阳明·《传习录》

【大意】

要经常反省检查自己，将私欲提炼出来，无论何时，不给私欲留一丝空间。

【评说】

王阳明将修心和慎独的功夫做了排序：

1. 私欲是有害的，如同盗贼一般，不但谋财，还可害命。

2. 我的私欲在何处，有哪些？

3. 我要通过什么手段和方法来克服、戒除这些私欲？

4. 立下决心，必须清除私欲！用强大的意志力，一日不成就两日，两日不成就三日，绝不半途而废。

5. 在克制私欲的过程中保持良好的心态，不能为克而克，更不能想克掉私欲的目的，一旦有这种心态，就是新的私欲了。

6. 克制私欲后，来光明自己的良知，回复那个曾经善良的自我。

7. 反思：我为何会有这种私欲，这一私欲产生的条件是什么？

世间好看事尽有，好听话极多，惟求一真字难得。

选自：清·申居郧《西岩赘语》

【大意】

事间好看的事，好听的话太多了，但只有一个真字最难得。

【评说】

有人问：《道德经》里说“信言不美，美言不信”，是不是诚信的话就不好听，好听的话就不诚信呢？

答：这里的“美”不是美丽、美好的意思，而是美饰、粉饰、装饰的意思。诚信的话干净、纯真，不用化妆。如同出生的婴儿，他的脸上哪里用得上描眉、画唇、眼影和面膜呢？

化妆，是一种心照不宣的善意“欺骗”。但，任何一种化妆都没法画眼神。所以，一个人的眼神美丽，才是真美丽。含情脉脉、盈盈秋水、顾盼生姿以及炯炯有神，说得都是人的眼神。

做真人，胜过有名气！

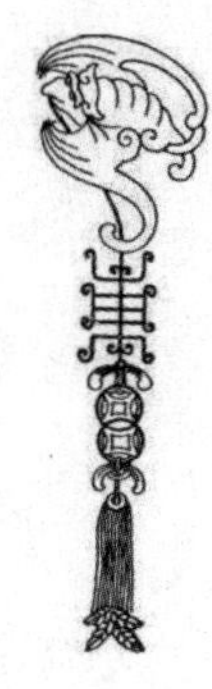

诚者天之道也，思诚者人之道也。至诚而不动者，未之有也；不诚，未有能动者也。

选自：《孟子·离娄上》

【大意】

诚信是自然的规律，追求诚信是做人的规律。极端真诚而不能使别人感动，这是未曾有过的事；至于不真诚，当然是不能感动别人的。

【评说】

北宋名臣鲁宗道为人忠厚恳诚。

一次，宋真宗曾要召见他。可当派去请他的人到他家时，鲁宗道却不在家，过了两个小时左右，才从“仁和”酒店饮完了酒回来。

派去召他的中使问他道，真宗皇上如果责怪你来晚了，照实说一定会获罪，应该找个什么理由回答他呢？

鲁宗道说，喝点酒，是人之常情，是可以理解的。撒谎，却是欺君的大罪过。

宋真宗责问鲁宗道为什么私自去酒店？

鲁宗道说，我家里穷，没有招待客人的餐具，只有酒店里有。碰巧有个乡亲从远道而来，我请他去喝杯酒，但是，我已换下官服，市民谁也不认识我。

宋真宗听罢，十分感动。从此以后，对他特别看重。

诚无不动者，修身则身正，治事则事理。

选自：宋·杨时《二程粹言》

【大意】

没有真诚所打动不了、涉及不到的，用真诚修养自己就能走上正道，从真诚去处理事情就能合乎情理。

【评说】

战国时期，赵国君王赵襄子向驾车高手王子期学习驾车技术。没过多久，就要跟王子期比赛。比赛之时赵襄子多次改换马匹，而多次都落在王子期后边。

赵襄子说，你教我驾车的技术一定有所保留，没有完全传授。

王子期回答道，我已经把技术全都教给您了，只是您在使用的时候有问题。不管驾驶什么车辆，最重要的是马要跟车辆配合稳妥，人的心意要跟马的动作协调，这样才可以加快速度达到目的。现在你在我后面一心只想追上我，你在我前面又怕我追了上来。其实引导马匹长途竞争，不是在前面就是落在后面。而你在前、在后注意力全都集中在我的身上，怎能与马匹的奔跑协调一致？这就是你落在后边的原因。

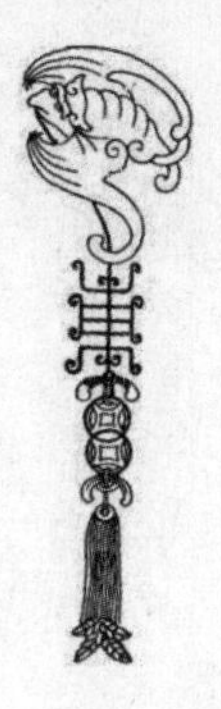

小人闲居为不善，无所不至，见君子而后厌然，掩其不善而著其善。

选自：《大学》

【大意】

小人在隐蔽的时候行为就不检点了，几乎没有什么事做不出来。到了正式场合，伪装躲藏，掩饰自己的缺点，炫耀自己的优点。

【评说】

人的诚信来自内心，并非做出来给别人看的。不欺骗自己才是真诚信。每个表演都会退场，每个伪装都会露馅，在别人眼里，早就看清了你的花花肠子。这种隐恶扬美的做法害人害己。

人最应该小心谨慎的地方不是领导与客户面前，也不是受人尊敬的领奖台，更不是决定命运的谈判桌，而是一个人独处的时候。因为，天上地下许多双眼睛都在注视着我们，四面八方许多只手都在指点着我们，太可怕了！

真者，精诚之至也。不精不诚，不能动人。

选自：《庄子·杂篇·渔父》

【大意】

所谓真，就是精诚的极点。不精不诚，不能感动人。

【评说】

缺乏真诚的人有 7 种毛病：
1. 不是自己职分以内的事也把持着去做，做完还自恃有功；
2. 善于迎合领导的话，无论说啥都喊好，没打开内容就点赞；
3. 没人理会还说个没完；
4. 喜欢背地讲人坏话，将隐私传得漫天飞扬；
5. 搬弄是非，挑拨离间，破坏人与人之间的情谊；
6. 不分善恶美丑，好坏兼容，脸色随应相适，暗暗攫取自己的利益；
7. 为了出名，不惜伤害他人，甚至违背良心。
有这 7 种毛病的人，外能迷乱他人，内则伤害自身。

忠诚盛于内，贲于外，形于四海。

选自：《荀子·尧问》

【注释】

贲（bì）：文饰、装饰得华丽光洁之意，还有两个读音：bēn和féi，大多作为姓氏讲。

【大意】

忠与诚根深蒂固在心里，则展示给人的外表就会美丽光洁，从而将这种素养带到任何一个地方，能够影响更多的人。

【评说】

一两分的忠诚胜过一千次的朋友圈点赞。但凡合作，只要忠诚不出问题，其他问题都可以解决。但凡夫妻，忠诚一出了问题，抱怨、愤怒、怀疑就都来了，而幸福、信任与浪漫就都走了。忠诚，是一种生存姿态，一种生活的理念，一种生命哲学和精神美学。

身外之物皆可抛，唯有忠诚不能忘！

深沉厚重，是第一等资质；磊落雄豪，是第二等资质；聪明才辩，是第三等资质。

选自：《格言联璧》

【大意】

深刻沉着、忠厚笃信，是第一等的禀赋；
直率开朗、豪迈雄健，是第二等的禀赋；
明智聪慧、能言善辩，是第三等的禀赋。

【评说】

深刻沉着，是治疗轻浮与急躁的良药；
忠厚笃信，是根治欺骗与虚伪的良医；
直率开朗，是抵达诚实与信任的良马；
豪迈雄健，是为人坦荡与豁达的良友；
至于明智聪慧和能言善辩嘛，定要为自己的良心服务。若背道而驰或旁门左道，即便有了些许成绩，也是埋下一条祸根。

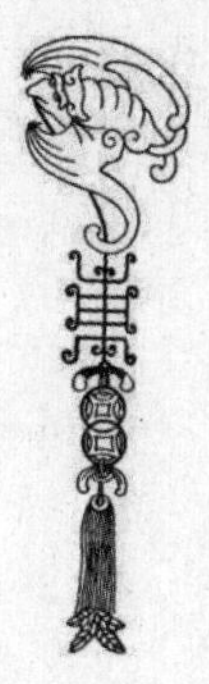

才不足则多谋，识不足则多事，威不足则多怒，信不足则多言，勇不足则多劳，明不足则多察，理不足则多辩，情不足则多仪。

选自：《格言联璧》

【大意】

才能不足的人计谋多，
见识不够的人闲事多，
威信不足的人怨怒多，
诚信不够的人言语多；
勇气不足的人辛劳多，
明细不够的人检查多，
事理不足的人辩论多，
情分不够的人礼仪多。

【评说】

宣扬什么，就缺少什么；表现什么，便想得到什么。

逢人就说自己行善积德，这个人很危险。因为，善欲人知，不是真善；恶恐人知，便是大恶。

如同爱一个人，没必要天天挂在嘴边。相反，那些无事献殷勤的主儿，要小心喽！

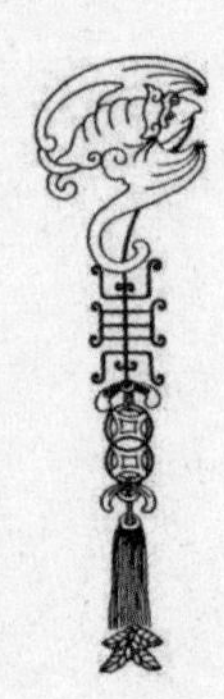

荀子曰：君子养心莫善于诚。致诚，则无它事矣。唯仁之为守，唯义之为行。

选自：《荀子·不苟篇》

【大意】

君子保养身心没有比真诚更好的了。做到了真诚，那就没有其他的事所担忧。只要守住仁德，只要奉行道义就是走上了大道。

【评说】

一家饭店的墙上挂着“诚信赢天下”的字样，书法作品苍劲有力、威武雄浑。

我问老板，把诚信挂在厅堂，是要告诉人家，自己诚信的目的是为了“赢天下”吗？

老板说不是。

再问，如果用“诚信”赢得了“天下”，还会继续诚信吗？如果怎么努力都赢不了“天下”还会坚持诚信吗？

老板无以对答。

有些人打着诚信的旗号，是为赢得信任、获得尊重和多赚点钱。于是，便要把诚信挂在墙上、挂在嘴上。

实际，诚信最应挂的地方是心里。诚信是做出来的，不是喊出来的。请不要利用诚信，请坚持尊严，让我们高傲、清白地活着！

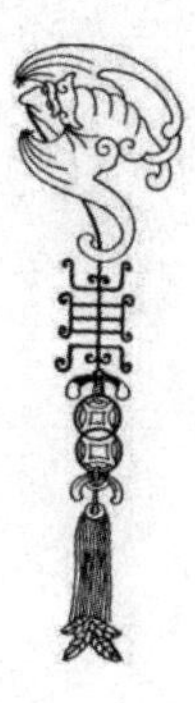

老子曰：上德不德，是以有德；下德不失德，是以无德。

选自：《道德经·第三十八章》

【大意】

真正有善德的人不会刻意表现。那些无德和缺德之人，总会有意包装，让别人认为自己是个有道德之人。

【评说】

古代。江苏海州有个叫郭纯的人极为孝敬，远近闻名。甚至感动了鸟兽。母亲死后，每次哭母都有许多鸟雀来到他跟前。官府派人来察验，确实是这样。于是，官府为这位孝子立牌坊，用来表彰他这一族人，并准备任用其做官。

后来，经人举报：这位孝子是装的。原来郭纯每次哭母前，都在地上撒上饼子和食物来吸引群鸟争食。经过多次训练后，形成了条件反射。群鸟一听到这位孝子的哭声，又以为有饼子吃了呢，没有不飞落下来寻找饼子吃的。

形式主义害死人呀！

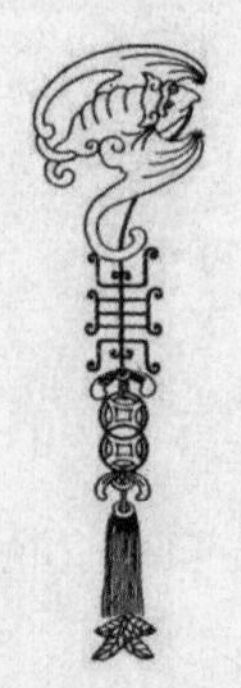

人心惟危，道心惟微，惟精惟一，允执厥中。

选自：《尚书·大禹谟》

【注释】

惟精惟一的“惟”，当作思想意识讲，古代文言叫思维，现代名词叫思想。

允执厥中：允，是诚信的意思。允执，就是平心静气、静观执守，不离自性。厥中，就是其中。中，是天性的所在地，精神的集中点。允执厥中简称为执中，即守性不移，守死善道，如如不动，不上不下，不左不右，不迁不移，不偏不离。

【大意】

舜帝告诫大禹说，人心是危险难测的，道心是幽微难明的，只有自己一心一意，精诚恳切地秉行中正之道，才能治理好国家。

【评说】

人的心，总是对权钱名色的追求不能自已，从而产生贪、嗔、痴、爱的念头。这种欲望极大地危害着我们至善的本性，昧天良于昏暗不明之中，使良知的光亮逐渐微小，如乌云蔽日，暗淡无光，从而丧失理智，一念之差，悔恨千古！

人之所助者，信也。

选自：《周易·系辞上》

【大意】

诚实守信是对人有极大帮助的，有时却在无意之间。

【评说】

有人问，人为什么要诚信呢？

我说，人为什么要吃饭呢？

他说不吃饭会饿死，而且死得很惨。

我说，不诚信是凑合活着，但活得很惨。

北宋著名文学家晏殊，最早做官时天下太平，皇上允许大臣们互相宴请。以至于市场上的酒楼和路边的小酒店都成为游玩、宴饮和休息的地方。

有一天，从宫中传来消息，说晏殊被任命为太子老师。传达政令的太监不知道出于什么原因，就去问皇上。皇上说，听说近段时间大臣们没有一个不在搞相互宴请和嬉游的，并且通宵达旦，唯独晏殊在家中读书，像这样谨慎厚道的人，正是可以当太子的老师的人员呀！

没想，晏殊却禀奏皇上说，我并非不喜欢游玩宴饮，只是由于家镜贫困。我如果有钱，也会前往的。通过这件事，皇上更加器重他了。

没有理由，没有目的，发自内心的诚信，可以让人胸怀坦荡，一路风光！

小信成则大信立，故明主积于信。赏罚不信，则禁令不行。

选自：《韩非子·外储说左上》

【大意】

在小事上能够讲求信用，在大事上就能够建立起信用，所以明智的领导要在遵守信用上逐步积累声望。如果赏罚不讲信用，禁令就无法推行了。

【评说】

利益在什么地方，人们就归向什么地方。表扬什么好的名声，人们就会为什么名声奋斗，甚至舍生忘死。因此，对不公平、不合理的功劳给予赏赐，领导在下属的心目中就会失去位置。

当一个社会，对于娱乐明星和奢侈品牌追求无度时，就会忽视科学与农业，鄙视文化和工人，漠视善良与诚信，不会认真地孝敬父母，将夫妻感情视作儿戏，到处充满着急功近利，甚至将道德踩在脚下。

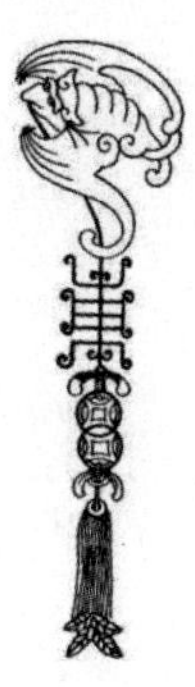

信名，则群臣守职，善恶不逾，百事不怠；信事，则不失天时，百姓不逾；信义，则近亲劝勉而远者归之矣。

选自：《韩非子·外储说左上》

【大意】

晋文公问上军将箕（jī）郑：怎样使百姓脱离贫困呢？

箕郑回答说：守信用。

文公说：怎样守信用呢？

箕郑说：在名位、政事、道义上都要守信用。名位上守信用，群臣就会尽职尽责，好的坏的不会混杂，各种政事不会懈怠；政事上守信用，就不会错过天时季节，百姓不会三心二意；道义上守信用，亲近的人就会努力工作，疏远的人就会前来归顺了。

【评说】

总有人在用餐或聚会时迟到，理由是“堵车”，于是埋怨一阵路况，发一阵牢骚就被原谅了。好吧，请问：既然知道堵车为啥不早出门呢？

当我们把说谎当做习惯时，视同于与魔鬼同行了。任何一种说谎的生命，都不会结出丰硕的果实。

荀子曰：言无常信，行无常贞，惟利所在，无所不倾，若是则可谓小人矣。

选自：《荀子·不苟篇》

【大意】

荀子说：说话经常不老实，行为经常不忠贞，只要是有利可图的地方，就没有不使他倾倒的，像这样就可以称为小人了。

【评说】

三国吕布，骁勇善战，无人能敌。人称“马中赤兔，人中吕布”。自幼跟随并州刺史丁原，拜其为义父。遇董卓而见利忘义，杀了义父丁原，引军投降董卓，并再拜董卓为义父。董卓得吕布，如虎添翼，越发横行朝廷。

司徒王允看不下去，巧用“美人计”将绝代美女貂蝉暗许吕布，明送董卓。于是，吕布又亲手将董卓杀死。董卓一死，朝廷更乱。吕布无立足之地，继而投靠袁术，又去投靠袁绍，而后刘备，继续易主曹操，最终被处死。

“多行不义，必自毙”，吕布的一生见利忘义、不讲信义，导致其身临绝境，却无一人相助，三国史上也仅吕布一人而已。

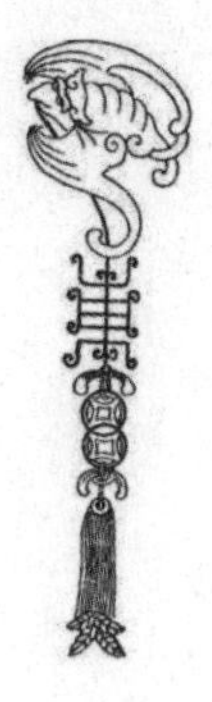

以信接人，天下信之；不以信接人，妻子疑之。

选自：晋·杨泉《物理论》

【大意】

用信来对待别人，天下人都信任你；不用信来对待别人，就连自己的妻子与孩子都不信任你。

【评说】

田忌赛马的故事，说的是齐威王和田忌赛马，二人约定，上马对上马，中马对中马，下马对下马。一旁观战的孙膑给田忌支招，说先用下马对齐威王的上马，再用上马对齐威王的中马，又用自己的中马对齐威王的下马。于是田忌以两胜一负的成绩胜了齐威王。

当我们都夸奖孙膑聪明，为田忌胜利喜悦的时候，谁想到诚信的问题了？明显看出田忌和孙膑没有遵守契约精神。所以，请课堂的老师、家里父母依据历史背景，为孩子做出正确的解释。

与人以实，虽疏必密．与人以虚，虽戚必疏。

选自：汉·韩婴《韩诗外传》

【大意】

与人真诚交往，虽然不是很熟悉，也必然会变得亲近；与人交往不真诚，即使很亲近的人也会变得疏远。

【评说】

1. 很多年前，总爱对下属说，这是我给你的奖金，不要告诉别人哟！但后来发现，每个人都对我有意见，因为我对每个人都这样说。哪有不透风的墙。只要你说出了，必定被知晓。所以，嘴和心要对得上哟！

2. 有妈妈着急地对孩子说，为了你我脸上都长皱纹了，每天给你做饭，送你上学，我一天到晚还照顾家，你却考这么点分，对得起我吗？

嘘—停停，请闭嘴。你所做的一切与孩子考多少分没有关系。是你的教育方法和行为习惯有问题了。请正视，莫虚伪！

3. 吃完饭后，服务员走过来问道，先生、女士您还需要来点儿点心吗？

不用了，我吃饱了。

谢谢，我可以了。

再也吃不下了。

服务员：今天的点心是赠送的。

哦，那给我一块蛋糕。

我要巧克力的，谢谢。

我可以要双份吗？

……

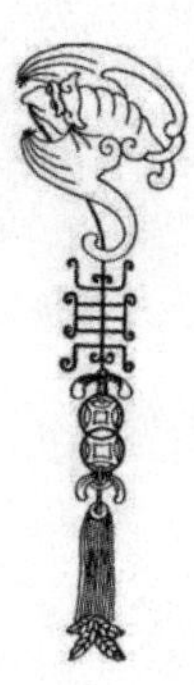

子贡问曰：何如斯可谓之士矣？

子曰：行己有耻，使于四方，不辱君命，可谓士矣。

曰：敢问其次。

曰：宗族称孝也，乡党称弟也。

曰：敢问其次。

曰：言必信，行必果，硁硁然小人哉！抑亦可以为次矣。

选自：《论语·子路》

【大意】

子贡问老师，怎样做才可以是合格的社会人呢？

孔子说，能够识别是非、善恶和荣辱，很好地完成领导、单位和国家的使命。

子贡说，这好像有点难。请问，如果降低一个标准呢？

孔子说，整个家族里都称赞他孝敬父母，村里、小区或乡镇街道都称赞他团结友爱，无论对兄弟姐妹还是同事朋友，都有爱心。

子贡又问，老师，还能再降低标准码？

孔子说，第三等吗，就是言必行，信必果的人。不问是非黑白只讲诚信。这基本可以划入小人的行列了！

【评说】

好讲诚信却不爱学习，是不能明辨是非和真伪的。盲目守信，结果可能被无原则的信用伤害。

我们要做到的是：对讲诚信的人讲诚信，对符合道义的事行结果。

子曰：君子坦荡荡，小人长戚戚。

选自：《论语·述而》

【大意】

孔子说：君子心胸宽广，能够包容别人，擅长自我修身；小人心胸狭窄，斤斤计较，时常埋怨他人。

【评说】

有人在朋友圈发信息，说中纪委巡视组来本市了，并一一公布负责人姓名、电话和分管区县，最后附带评论：农奴翻身得解放，有仇报仇，有冤抱冤啊。多转发呀！！转发一次，就是功德。

那两个强烈的感叹号留在我心里很久，能感觉出此人的愤怒、冤屈，最起码是兴奋。

此乃小人。

一个普通百姓，将国家反腐治贪工作当做泄私愤之工具，恐怕心里扭曲了吧。看到更深层的东西是：他受害了，或者没捞到好处。终于等到有武林高手到来，便傍着高手大腿向周边人高呼：谁敢打我俩？

我们拥护治贪，也鼓励民间举报。但批判幸灾乐祸、奔走相告、落井下石的心态。

最早有人恨贪，是因为自己没贪。后来我党治贪，他一脸喜色、满目庆幸，说幸亏自己没贪。哪里是没贪，不过没机会贪罢了。

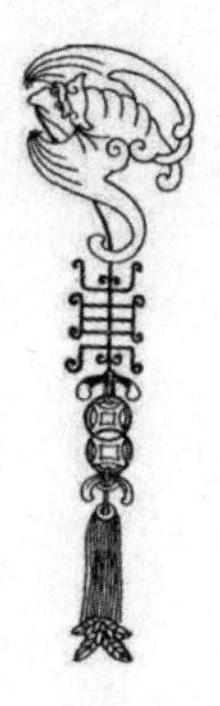

子曰：狂而不直，侗而不愿，悾悾而不信，吾不知之矣！

选自：《论语·泰伯》

【注释】

狂：急躁、急进、狂妄之意。
侗（ t ó n g ）：幼稚无知。
愿：谨慎、小心、朴实。
悾悾（ k ō n g ）：诚恳的样子。

【大意】

孔子说：狂妄而不正直，无知而不谨慎，表面上诚恳而不守信用，我真不知道有的人为什么会是这个样子！

【评说】

人有 3 大致命弱点：

1. 狂妄。狂妄就是无知，无知就会无礼，无礼就无情意，无情意就被人孤立，被孤立就等于失败。

2. 伪装。我们是喜欢天真和纯朴的，因为可爱，但加上一句“不老实”就麻烦了，这纯朴和天真就起了变化，而被人质疑了。

3. 虚伪。表面诚恳老实，骨子里却不知道恪守信誉。从而表里不一、口蜜腹剑，甚至为满足自我虚荣不惜去欺骗！

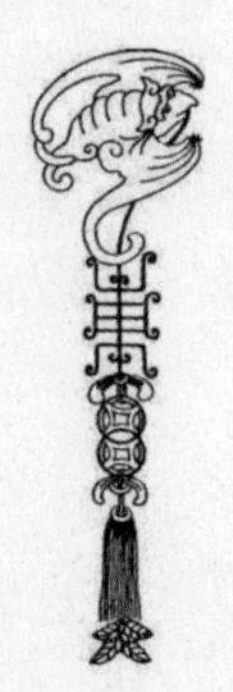

作德，心逸日休；作伪，心劳日拙。

选自：《尚书·周书·周官》

【大意】

常做德善孝悌之事，就会心气平和，而且一天天感受到美好和吉祥；常做欺诈伪善之事，即便费尽心机，反而一天天越发笨拙与低劣。

【评说】

每个人的美好和幸福都不是横空出世的，而是对生活的恭敬与付出。日子，像极了我们的天空。释放爱，她就清澈；释放怨，她就迷蒙；释放无度的贪婪，她就阴霾。假若，你想让天空不堪重负，向风中抛撒一把尘沙，那么，会迷伤你的眼睛。

无论何地，不能忘记初心；无论何时，不要忘记善良。常行善，福虽未至，祸已远矣；常行恶，祸虽未至，福已远矣！

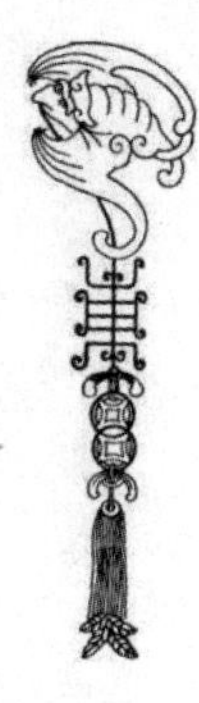

君子养心莫善于诚。致诚，则无它事矣。唯仁之为守，唯义之为行。

选自：《荀子·不苟篇》

【大意】

君子修养心智的方法，没有比真诚更好的了。做到了真诚，生活的烦恼，日子的忧愁，基本就化解掉了。如何做到真诚呢？一、要守住仁德；二、要奉行道义。

【评说】

了解一个人，需要很长时间；信任一个人，需要更长时间。一切皆需真诚来维系。谎言，是一只罪恶的手，将美好打翻在地，洒落一地珍珠。如何收拾呢？

丢失真诚，世界会成为一片坟墓场。鬼不鬼，人不人。尘满面，鬓如霜。千里孤坟，何处话凄凉！

立志之始，在脱习气。习气熏人，不醪（láo）而醉。

选自：《王夫之集》

【大意】

一个人的成功是始于立志的，立志的开始要脱离低俗、恶俗和庸俗之气。因为这种“习气”一直在潜移默化，甚至你还满心欢喜地热衷着。所谓“不醪（láo）而醉”，就是说，还没开始酿造人就醉得不成样子了！

【评说】

生活里最可怕的东西不是贪财，也不是好色，更不是酗酒，而是庸俗、低俗和恶俗的“习气”。为什么“酒色财气”把“气”排在最后？因为习气最可怕。可怕的原因是让你感觉不出来可怕。

如同父母，自己不读书，偏让孩子读书，这是无知。自己放不下手机，偏呵斥孩子放下手机学习去！这是无耻。

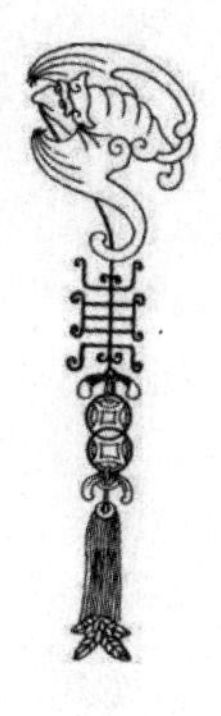

不须犯一口说，不须着一意念，只凭真真诚诚行将去，久则自有不言之信，默成之孚。

选自：汉·吕坤·《呻吟语》

【大意】

不用急着表白，不用努力思考，只要真诚做事，久而久之就会有不言之信，众人也就都信服你了。

【评说】

诚信，不需要说出来，而是要做出来。诚信，也不需要挂在墙上，而是要挂在心里。想用“诚信赢天下”的人基本都输给了诚信。难道把诚信当工具吗？你若用诚信赢了天下，还继续诚信吗？你若用诚信赢不了天下，还坚持诚信吗？

不守诚信，是欺骗。利用诚信，是阴谋。

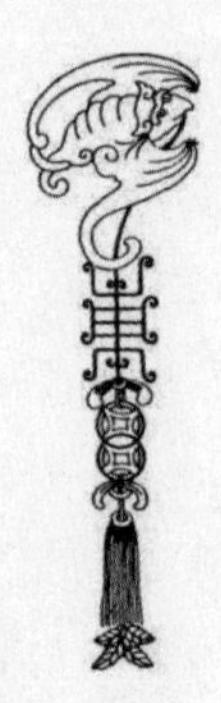

荀子曰：不足于行者，说过；不足于信者，言盛。

选自：《荀子·大略》

【大意】

在行动上不踏实的人，往往言过其实，夸夸其谈；在信用方面不诚实的人，往往表面上装成说话诚恳的样子。

【评说】

那些轻易发出诺言的，基本都很少能兑现；把事情看得太容易，势必遭受很多困难。

大成就，都是从小作为开始的；大人物，必是自小学生做起的。不要贪图大。把大事做小，小事才可做大。不要自卑小。把小事坚持，大事才能持久。

想解决难题，得从容易的时候入手。要完成大业，还须从细微的点滴处下功夫！

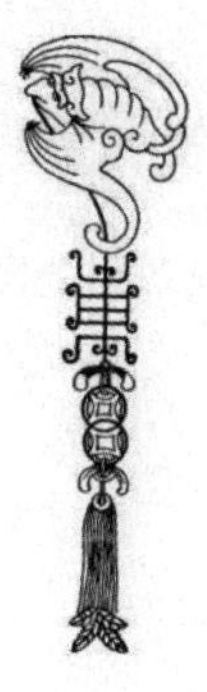

【友善篇】

子曰：里仁为美。择不处仁，焉得知？

选自：《论语·里仁第四》

【大意】

孔子说：选择居所住处应以文明、礼让、仁德为标准。若不是这样，而胡乱地选择，你说你还是明智的人吗？

【评说】

清朝康熙年间的大学士、礼部尚书张英的老家人与邻居因为宅基地问题发生争执。于是，自山西到北京，张家人写了一封信快马加鞭与张英求助。张英看后作诗一首：千里家书只为墙，让他三尺又何妨？长城万里今犹在，不见当年秦始皇！

张家人收到信后，按照老爷意思让出三尺。谁知邻居居然被感动了，也让出三尺。于是在两家之间就形成了一个六尺宽的巷子，成为佳话。“让他三尺又何妨”，这是邻居之间和睦相处的不二法门哟！

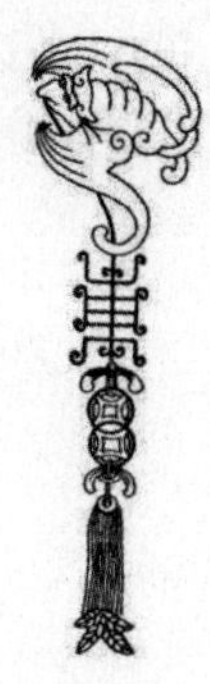

孔子曰：益者三友，损者三友。友直，友谅，友多闻，益矣。友便辟，友善柔，友便佞，损矣。

选自：《论语·季氏篇》

【大意】

孔子说：有三种有益的朋友，有三种有害的朋友。同正直的人交朋友，同诚实的人交朋友，同见多识广的人交朋友，这是有益的。同阿谀奉承的人交朋友，同当面恭维，背后诽谤的人交朋友，同花言巧语的人交朋友，这是有害的。

【评说】

三国时期东吴大将吕岱，位高权重，名声显赫，但却能虚心听取批评意见。他的朋友徐原忠厚耿直，慷慨有才，且性情忠厚，常常毫不留情地批评吕岱的缺点。吕岱的部属对徐原不满，认为徐原太过狂妄，并将此告诉了吕岱。可吕岱反而更加尊重和亲近徐原。徐原死后，吕岱失声痛哭，边哭边诉："徐原啊！以后我从哪儿去听到自己的过失啊！"

君子淡如水，岁久情愈真。小人口如蜜，转眼如仇人。给你点赞的人是朋友，给你指出缺点的人是真朋友。人生交契无老少，论交何必先同调！

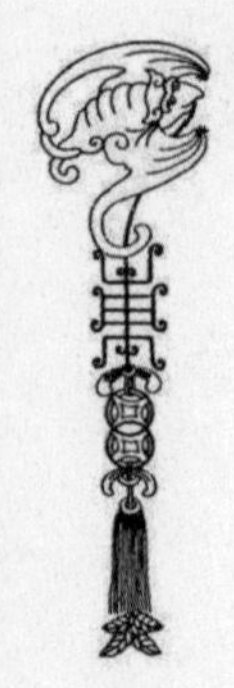

朋而不心，面朋也；友而不心，面友也。

选自：汉·扬雄《法言》

【注释】

这里的朋，指朋党、同伙、同事之意。
友，才是指今天朋友之意。

【大意】

结成同党而不真诚相交，那是表面上的同党；结为朋友而不真诚相待，那是表面上的朋友。

【评说】

交友贵在知心。口是心非，面和心不和的朋友，不是真朋友。人们平常所说的“面朋”、“面友”“面子上的事”即从此而来。

钱钟书先生说：你要打开人家的心，你先得打开你自己的，你要在你的心里容纳人家的心，你先得把你的心推放到人家的心里去。

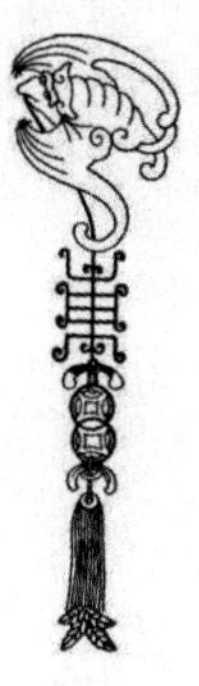

君子不镜于水而镜于人。镜于水，见面之容；镜于人，则知吉与凶。

选自：《墨子·非攻》

【大意】

君子不以水为镜子，而以别人为镜子对照检查自己。以水为镜，只能看到自己的美与丑；以人为镜，才能知道心的善与恶。

【评说】

中国有一句老话，叫“人贵有自知之明”，就是能清醒地认识自己。清醒地认识自己，就不去强加别人、指责别人和要求别人。

当你很抱怨，很委屈，或者很愤怒地说：“我都为你做这么多了，你怎么还不理解呢？”

我只能说你做得还不够好，理解对方的好不够多。

我们爱他人，而人家却不亲近你，就要反省自己的爱够不够；当我们管不好下属，就要反省自己才智够不够；总期待对方报答自己的恩情，就要反省自己恭敬够不够。任何行为如果没有取得效果，都要反过来检查一下自己，只要自身端正了，还有什么可担忧的呢？

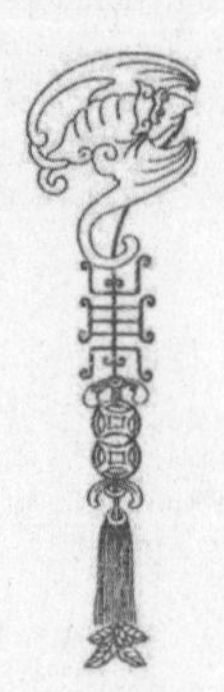

投我以木瓜，报之以琼琚（jū）。匪报也，永以为好也！

投我以木桃，报之以琼瑶。匪报也，永以为好也！

选自：《诗经·国风·卫风·木瓜》

【注释】

琼琚、琼瑶：美玉美石之通称。

【大意】

你将木瓜投赠我，我拿美玉作为回报。不是为了答谢你，而是珍重我们之间情意，永以为好！

你将木桃投赠我，我拿美玉作为回报。不是为了答谢你，而是珍重我们之间情意，永以为好！

【评说】

A不喜欢吃鸡蛋，每次发了鸡蛋都给B吃。

刚开始B很感谢，久而久之便习惯了。习惯了，便理所当然了。

直到有一天，A将鸡蛋给了C，B就不爽了。她忘记了这个鸡蛋本来就是A的，A想给谁都可以。为此，她们大吵一架，从此绝交。

其实，不是别人不好了，而是我们的要求变多了。习惯了得到，便忘记了感恩。

不要因别人的一个小的缺点就抹杀其优点和美德，更不要因为人家一点小小的怨恨就忘记了对你的大恩。别人对自己有恩德，不可忘记；自己对别人有恩惠，不可不忘呦！

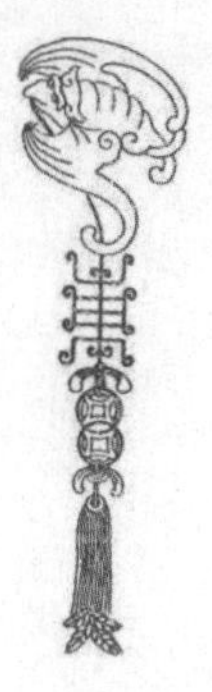

子曰：君子周而不比，小人比而不周。

选自：《论语·为政第二》

【大意】

孔子说：君子团结不勾结，小人勾结不团结。

一个有道德，有修养的智者，善于团结、真心相助、忠诚坦荡，而那些心怀不轨的小人则貌合神离、口蜜腹剑，暗中勾结，从不会光明正大。

【评说】

大雁有一种合作的本能，它们飞行时都呈 V 形。这些雁飞行时定期变换领导者，因为为首的雁在前面开路，能帮助它两边的雁形成局部的真空。科学家发现，雁以这种形式飞行，要比单独飞行多出 12% 的距离。

合作可以产生一加一大于二的倍增效果。据统计，诺贝尔获奖项目中，因协作获奖的占三分之二以上。在诺贝尔奖设立的前 25 年，合作奖占 41%，而现在则跃居 80%。

人在一起叫团伙，心在一起才叫团队。

落其实者思其树，饮其流者怀其源。

选自：南北朝文学家·庾（yǔ）信《徵（zhǐ）调曲》

【大意】

当我们享用果实的时候，该感谢的是树的付出；饮一抔甘泉时，当想到水的源头来自何方。

【评说】

不知从何时起，中国人开始过起了感恩节。倒是觉得，感恩不用过节，就像良心一样应该无处不在。你看有人过“良心节”吗？心里有感恩，天天都是节。就怕别人一起哄就知道“该感恩”了。不要被动感恩，要常饮水思源呦！

有的人因为别人一个小缺点就抹杀人家的大作为，还有人因为人家有一点对不住你，就忘记人家对你的大恩和所有的好。这叫啥呢？勿以小恶弃人大美，勿以小怨忘人大恩。

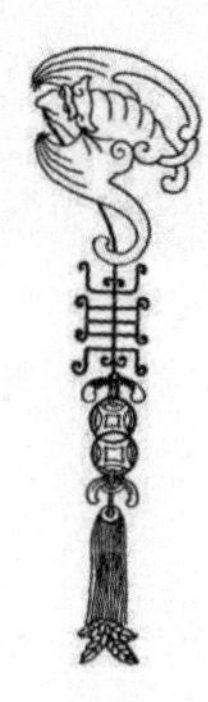

共舆而驰，同舟而济，舆倾舟覆，患实共之。

选自：范晔《后汉书·朱穆传》

【注释】

舆：车。
济：渡。
倾：倒。
覆：翻。
患：灾祸。

【大意】

共坐在一个车上奔驰，同乘一条船渡河，一旦车倒船翻，车上船上的人将要共历患难。

【评说】

有人说，我赚钱的时间都不够，还有时间读书？我家自己孩子还照顾不过来，哪有空帮邻居呀！大街上井盖丢失，我就绕着走呗，别人掉井里跟我有啥关系？看见那面墙要倒，而墙下的老太太全然不知，他也懒得提醒，说反正不是我妈。

实际上，日子，是一根铁链，烧红了那端，在这头烫手是早晚的事。社会，是一条河，人们都是河里的鱼。在上游下毒，下游必然跟着死，不过时间长短罢了。当我们只热衷自己，冷漠他人时，就是幸福快走到头了。

孟子曰：言人之不善，当如后患何？

选自：《孟子·离娄下》

【大意】

孟子说：经常背后说人家缺点，招来了后患怎么办？

【评说】

有心理学家做过试验：请一女士与另外一个不太熟悉的女同事在一起说领导坏话，两人顿感遇到知音一般，一吐内心的不快，大有相见恨晚的感觉。

当我们缺乏自信时，尤其喜欢说别人坏话。但，说别人坏话反映了说坏话那个人的品质、品味和品格。聚在一起说别人坏话，大多会陶醉在短暂的、罪恶的快乐中。要注意呦！

人非圣贤，孰能无过。如果非要说坏话怎么办？请掌握一个原则：只针对这个人做事的方式，而不上升到人格攻击。还是尽量少说别人坏话，因为别人早晚都得知道。建议您在背后说别人好话，别担心这好话传不到当事人耳朵里。

假若有人在你面前说别人坏话呢？你就微笑，你就说：嗯，啊，是吗，今儿天气不错呀！

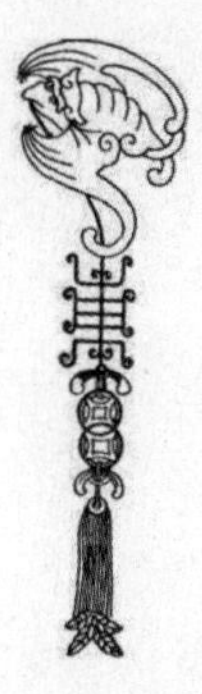

子曰：人不知而不愠，不亦君子乎！

选自：《论语·学而第一》

【大意】

别人不理解自己而不抱怨恼怒，不也是很有修养的君子吗？有时，我们被别人误解，或许是自己努力还不够；看别人不顺眼，可能是自己修养不深。

【评说】

朋友养了一条很得意的狗。一天，他穿了件白色的衣服出门。天下雨了，他把白色衣服脱下，穿着一套黑色的衣服回家来。那条得意的狗竟然认不出他，迎上去汪汪地对着他大叫。他非常恼火，拿了根棍子就要去打狗。

他妻子说，还是不要打狗了，假如你的狗出去的时候是白的，回来的时候变成黑的了，那你能够不奇怪吗？

人遇误解休怨恨，事逢得意莫轻狂！

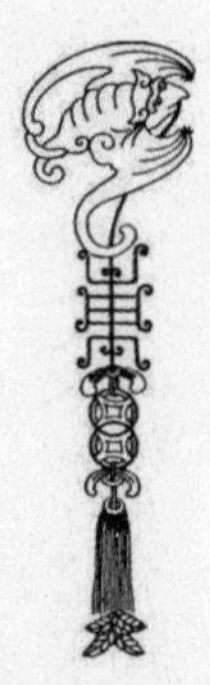

君子之交淡若水，小人之交甘若醴。君子淡以亲，小人甘以绝。彼无故以合者，则无故以离。

选自：《庄子·外篇·山木》

【大意】

君子的友谊淡泊得像清水一样，小人的交情亲密得如甜酒一般。君子之交虽然淡泊，但心地亲近，小人之交虽然过于亲密，但是容易（因为利益）断交。大凡无缘无故而接近相合的，也会无缘无故地离散。

【评说】

当你跟人家介绍：“这是我的朋友”好了，证明你在告诉人家，我就是这样的人。如果想了解一个人，有两个有效的方法：一是看他的朋友是谁；二是看他每天发朋友圈的内容是什么。

我们对于人的称谓，说得最多的是朋友，但最难得到的也是朋友。真正的朋友不会把“朋友”挂在口头上，也不会说“我曾经为你做过什么”，更不会说“你要为我做什么”。而是彼此之间要求越来越少，默契和帮助越来越多……

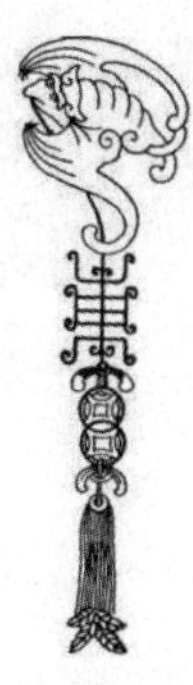

孟子曰：不挟长，不挟贵，不挟兄弟而友。友也者，友其德也，不可以有挟也。

选自：《孟子·万章章句下》

【大意】

孟子说：（交朋友的原则）是不倚仗年龄大，不倚仗地位高，不倚仗朋友的势力去交朋友。交朋友，交的是品德，不能够有什么倚仗。

【评说】

朋友，是亲情的另一种诠释。但，朋友圈不是。不过是众人到市场上做生意，遇到之后说一声“你也在这里呀！”朋友是两个人的事，哪里来得“圈子”。

真正的友情，不是迅速升温，也不是朝夕相处，更不是时刻牵挂，而是一株慢慢生长的树，经历风雨，共享日月。有距离不觉遥远，不联系还有默契，遇困难可以化解的两个人。

至于那种为了权钱名利走到一起的人，不能称作朋友，那是感觉上好的客户。他是你用金钱、情感或服务换回的顾客，是你最终的消费者、代理人、合作商或供应链内的中间人罢了。

与人善言，暖于布帛；伤人以言，深于矛戟。

选自：《荀子·荣辱》

【大意】

和别人说善意的话，比给他穿件衣服还温暖；用恶语伤人，就比矛戟刀剑刺得还深。

【评说】

常听到有人这样为自己开脱："我这人刀子嘴，豆腐心，说话别见怪呦！"真有意思，都用刀子把人伤了，还让人家别见怪？岂有此理！刀子嘴，就是刀子心！有好心，做好事，但没好话，您不是个好人！

那些尖酸的、刻薄的、带挑衅的、不经思考脱口而出的话，就是伤人的话。话语伤人后竟然还有人浑然不知，指责对方：你这人咋这么小气呢？

若，心存善念，哪来那么多恶语？若，相互理解，哪来那么多气话？若，读书修德，哪来那么多咄咄逼人？

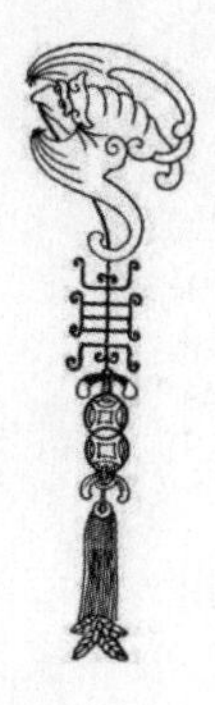

君子崇人之德，扬人之美，非谄谀也；正义直指，举人之过，非毁疵也。

选自：《荀子·不苟》

【大意】

君子尊崇别人的德行，赞扬别人的优点，并不是出于献媚；依照正义的标准，直接举出别人的过失，也不是诽谤挑剔。

【评说】

我们该珍惜两种人，一是鼓励我们的人，他给我们信心；二是批评我们的人，他让我们清醒。还要警惕一种人：好话连篇、谄谀逢迎的人，他让我们迷惑。

听别人的表扬与批评不必太动容，你说的正确我便听从，我不是听从你，而是听从真理，这其中又有什么私念呢？你说的不对，我就不会听从，我不是不听从你，而是不听从不对的道理，这其中又有什么可指责的呢？

取诸人以为善，是与人为善者也。故君子莫大乎与人为善。

选自：《孟子·公孙丑上》

【大意】

选择、学习别人的长处用来完善修补自己的品德，这又有助于别人培养品德。所以，君子没有比帮助别人培养好品德更好的了。

这里的“与”是赞许赞助的意思；“为”，是做的意思，指赞成人学好，现指善意帮助人。成语“与人为善”源出于此。

【评说】

善，分为善心和善行。有善心者未必有善行，有善行者未必出于善心。我们喜欢无善行的善心，也不排斥无善心的善行，但更需要既有善心，又有善行。只是，与善心者交流可以放心，与有善行无善心者在一起就要小心喽。

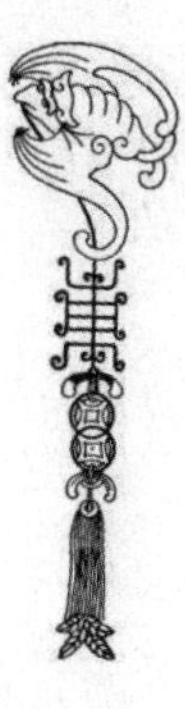

孟子曰：尽其心者，知其性也。知其性，则知天矣。存其心，养其性，所以事天也。

选自：《孟子·尽心上》

【大意】

孟子说：人要懂得侍奉天命。何为天命？不是烧香、求神和算命。是尽自己的善心。尽自己的善心，就是觉悟到了自己的本性。觉悟到了自己的本性，就是懂得了天命。保存自己的善心，养护自己的本性，以此来对待天命。

【评说】

行善，不是任务。没有必要大张旗鼓说自己“日行一善”。行善，不是手段。更没必要以善的表演，达成自己的目的。那样，叫伪善。伪善，比无善还可怕呀！

人做好事，即使做上一百件也远远不够；而做坏事，即使就一件，就一回，就动一个心思，也多喽！

孟子曰：人之所不学而能者，其良能也；所不虑而知者，其良知也。

选自：《孟子·尽心上》

【大意】

人，不用学就会的，比如爱父母，敬兄长，与子女欢乐，这叫良能。不用思考，就能明白的，比如羞耻、愧疚和感恩，这叫良知。

【评说】

就算忘记一切，也不要忘记爱。爱，是人的本能。假如你的爱有些褪色，对社会、家人和眼前的朋友变得不冷不热，而对没有温度的手机却愈发迷恋。我说，你的爱需要回归了。

如果，一个人干了坏事不知道羞耻，做了错事不懂得愧疚，受人恩惠不去报答。那么，这个人不单没有爱，连良知都丧尽了。

吊丧弗能赙，不问其所费。问疾弗能遗，不问其所欲。见人弗能馆，不问其所舍。赐人者不曰来取，与人者不问其所欲。

选自：《礼记·曲礼》

【注释】

弗（fú）：不，不要的意思。
赙（fù）：给予钱财上的帮助。
费：钱财上的花费。
遗：馈赠之意。
馆：提供住处之意。
其所欲：要不要这个东西。

【大意】

慰问有丧事的家庭，若没有钱财资助他们，就不要问他们需要多少钱。探视病人，若拿不出东西馈赠，就不要问病人需要什么。接见客人，如果不能提供住处，就不要问他住在什么旅馆。拿东西给人，尽量不要叫人来取；送给别人东西，不要问他要不要这个东西。

【评说】

家里来了客人，主人左手抓鸡，右手提刀，热情有余、真诚不足地问客人：你吃鸡不吃呀？

客人左右为难。想吃，怕主人浪费；不吃，又有些对不起自己的嘴。犹豫之际说，要不随便做点吃得了。

于是，主人也就落得顺水推舟，把那只鸡放生，母鸡依然可以下蛋，公鸡照样可以打鸣。

真累。真假。真虚呀！

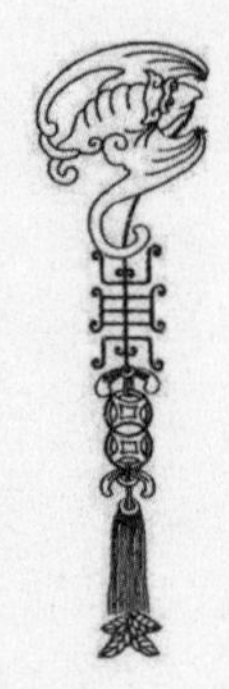

幼子常视毋诳。童子不衣裘裳，立必正方，不倾听。长者与之提携，则两手奉长者之手。负剑辟咡诏之，则掩口而对。

选自：《礼记·曲礼》

【注释】

视：与“示”通假，教育之意。
诳（ku áng）：说谎、欺骗。
衣（yì）：名次作动词用，穿衣的意思。
奉：捧的意思。
负剑：抱小孩的样子。
辟（ bì ）：指君主、领导、长辈招来，授予官职、安排任务。
咡（èr ）：口耳之间
掩口而对：遮住口和长者说话，怕口气伤人。

【大意】

不可以谎话教导孩子，儿童不必穿皮衣或裙子，古时因为贵重，延展到现在来看，儿童不应该买太贵重的衣服。年幼的孩子平常看东西不要瞟眼，站立一定要端正，不要做偏头听说话的样子。若长辈们要牵手走，就要用双手接捧长辈的手。如果长辈们从旁俯身耳语，要用手遮口，然后回答。

【评说】

当晚辈不懂得用双手接物时，当家庭吃饭老幼不分时，当公共场合大声喧哗时，当开会或上课手机不调至静音时，当与人在一起没完没了刷微信时。就是我们越来越骄傲，越来越冷漠，内心的恭敬越来越消逝之时。

鹦鹉虽能说话，终归还是飞鸟；猩猩虽能说话，终归还是走兽。现在的人如果不讲求礼，虽能说话，与禽兽有何区别？

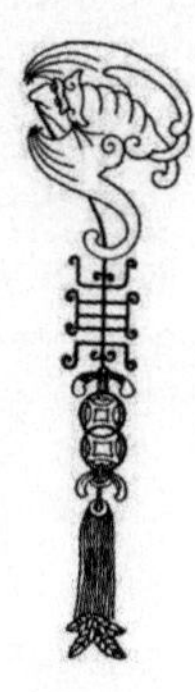

所谓诚其意者，毋自欺也。如恶恶臭，如好好色，此之谓自谦。故君子必慎其独也。

选自：《大学》

【注释】

自谦（qiè）：让自己心安，心里满足，不亏欠。

【大意】

所谓使自己的意念诚实，就是说不要自己欺骗自己。就如同厌恶污秽的气味那样（不要欺骗自己），就如同喜爱美丽的女子那样（不要欺骗自己），这就叫做让自己对自己满意。所以君子（为了让自己对自己满意）就一定会独自面对自己的内心。

【评说】

夫妻和恋人之间经常会出现这样的场面：一个对另一个说，你看看，我就为了爱你，放弃了什么什么；我就为了这个家，才会怎么怎么样，所以你必须要对我如何如何。

不少母亲也经常会对孩子说：你看看，自从生了你以后，我工作也落后了，人也变老变丑了，我一切都牺牲了，都是为了你，你为什么不好好念书呢？

实际上，这哪里是爱对方，分明是爱自己，怕自己付出的爱没有结果。

德无常师，主善为师；善无常主，协于克一。

选自：《尚书·商书》

【注释】

《商书》，是儒家经典之一，又称《书》或《书经》。意为“上古帝王之书”。《尚书》原有100篇，分称为《虞书》《夏书》《商书》《周书》。孔子编纂并为之作序。但，在秦代的焚书中烧毁。汉人偶得，流传至今。

【大意】

德没有不变的榜样，以善为准则就是榜样；善没有不变的准则，众人同力，皆能胜任于忠恕之道，就是一种理想境界了。

【评说】

做了善事，总想让别人知道，这不是真善。做了坏事，生怕别人知道，一定是真坏。有德的人，不会把德挂在嘴边。而随时随地宣扬自己多么善良，可能正是因为缺少道德。

恩人、贵人的意思是：您是我的恩人，您是我的贵人。没听说过：我是你的恩人，我是你的贵人！出此言者，不是小人便是恶人。

别把你帮助的人用歉疚禁锢起来，也别把自己的善良雕刻在功德碑上。走不出的地方都是监狱！

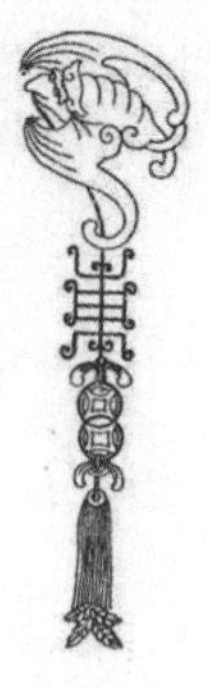

子曰：君子居其室，出其言，善则千里之外应（yìng）之，况其迩者乎。居其室，出其言，不善则千里之外违之，况其迩者乎！

选自：《周易·彖（tuàn）辞上传》

【大意】

孔子说：君子处在自家的庭院中，发出言论之后，如果言论是美好的，那么千里之外都能得到回应，何况是近处的呢？处在自家的庭院中，发出言论之后，如果不是美好的，那么千里之外也会背弃它，何况那近处的呢？

【评说】

好话与坏话都有腿儿，在你睡觉的时候他从不休息，一直在奔跑。言，不可不慎呦！

两人相处甜蜜的时候，把心底话都说了出来，万一吵架了，要注意不要把那些话拿来发泄。两人争吵时，鸡毛蒜皮的事都拿来指责，到和好之后不觉得很羞愧吗？

这样吧：在背后努力说别人好话，不要担心传不到他的耳朵里！

子曰：忠告而善道（dǎo）之，不可则止，毋自辱也。

选自：《论语·颜渊第十二》

【大意】

孔子说：对于朋友，要忠诚地劝告并和善地引导，实在不行就算了，不要自取其辱。

【评说】

曾国藩有一位幕友叫王湘绮，是近代有名的大儒，在曾国藩率领的湘军正和洪秀全作战之前就请假要回家。曾国藩知道他身为读书人胆子小，因为忙没有立即批复他的申请。后来有一天晚上，曾国藩有事去找王湘绮，看见他正坐在房里看书，就站在他身后，也不打扰他。差不多半个时辰了，王湘绮都不知道，曾国藩就悄悄地退回去了。

次日，曾国藩送了一些钱给王湘绮，又诚恳地安慰一番，让他立刻回家了。

有人问曾国藩，为什么突然决定让王湘绮回去。

曾国藩说，王先生去志已坚，无法挽留了。朋友之道不能勉强，尤其打仗的时候，胜败自己都没有把握，如何能保住别人？

人再问曾国藩何以知道王湘绮去志已坚。

曾国藩说，那天晚上我站在他身后他都不知道，而且有近半个时辰的时间，王湘绮都没有翻过书，可见他不是在看书，是在想心事，也就是想回家，所以还是让他回去的好。

领导与下级，朋友与朋友，相处起来都要适度。如果过分，那么朋友都可能变成冤家，上下级之间也可能成为仇人了。

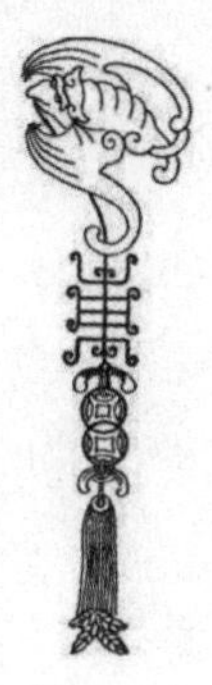

举事以为人者，众助之；举事以自为者，众去之。

选自：《淮南子》

【大意】

为大家做事情的，大家帮助他；一切以自我出发，自私自利的人，大家离开他。

【评说】

自私自利的人，就是太爱自己。而只爱自己，不爱他人，但凡钱权名利都想第一时间满足自己，就会失去友情、爱情和亲情。即便是母子之间，也会有怨恨产生。从而，所得到的钱权名利也都不能长久。

孟子说，爱人者，人恒爱之；敬人者，人恒敬之。意思是，你能尊重多少人，就有多少人尊重你；你能信任多少人，就有多少人信任你；你能跟多少人协作，就有多少人跟你协作；你能让多少人成功，就有多少人帮你成功。

子贡方人。子曰：赐也贤乎哉？夫我则不暇。

选自：《论语·宪问第十四篇》

【大意】

子贡喜欢评论别人的短处。孔子叫着子贡的名字说，赐啊，你真的就那么贤良吗？我可没有闲工夫去评论别人。

【评说】

苏格拉底的一位学生匆匆忙忙地跑来兴奋地说，告诉你一件事，你绝对想象不到……

等一下！苏格拉底说，你要告诉我的事是真实的吗？

我是从街上听来的，大家都这么说，我也不知道是不是真的。

那好吧，你要告诉我的事是善意的吗？

不，正好相反。他的学生羞愧地低下头来。

苏格拉底不厌烦地继续说，你这么急着要告诉我的事，是重要的吗？

并不是很重要……

苏格拉底打断了他的话，既然这个消息并不重要，又不是出自善意，更不知道它是真是假，你又何必说呢？说了也只会造成我们两个人的困扰罢了。

来说是非者，必是是非人。岂不知，在说人是非的过程里早已把自己的错误在人前尽显无疑了！

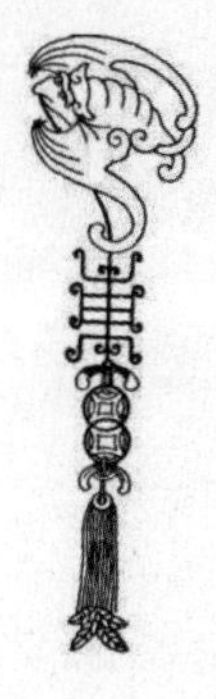

人，力不如牛，走不若马，而牛马为用何也？曰：人能群，彼不能群也。

选自：《荀子·王制篇》

【大意】

人，力气不如牛大，走路不如马快，而牛马却为人所用。为啥？因为人会团结，而动物不会团结吗！

【评说】

君子团结不勾结，小人勾结不团结。事实证明，一个单位只要出现了狼狈为奸，朋比为奸，就如同一箱里的几个坏苹果，如不清除必全盘腐烂。

人要大局为重，珍惜团结。

社会如同一条河，每个人都是河里的鱼。哪个坑蒙拐骗、作假下毒、贪污腐化的人，到最后不是把自己置于死地？

雷锋叔叔怎么说来着？一滴水只有放进大海里才能永远不干，一个人只有把自己和集体融合在一起的时候才能有力量。

以势交者，势倾则绝；以利交者，利穷则散。

选自：隋·王通《中说·礼乐篇》

【大意】

以权势交友的，权势失去了，交情也随之断绝；以利益交友的，利益穷尽了，交情也随之结束。

【评说】

经常有人在朋友圈请求投票。于是便出现张张截图，意为：老板，我投完了，截图为证。言外之意，人心换人心，四两换半斤，你托付我的事办了，记住呦，是我给你办的，下次我找你办事可要懂得回报呀。

晒什么，就是缺少什么。朋友圈是个极容易打碎的物件儿，手机一没电，朋友就没了，所以好多人带着充电宝，应是“珍惜友情”的表现吧。

朋友圈的信任，是个冰激凌，看着美好，一会儿就化，不过是个蛋托举着甜言蜜语的奶油罢了。

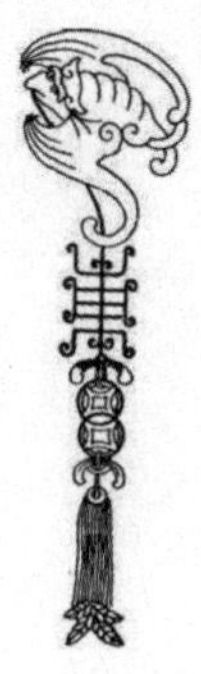

以和气迎人，则乖沴（lì）灭；以正气接物，则妖氛消；以浩气临事，则疑畏释；以静气养身，则梦寐恬。

选自：《格言联璧》

【大意】

和气地待人，就不会有不顺心；以公正之气对待事物，一切不祥之事都会消失；以浩然之气处理事情，疑难、畏惧则会释然而解；以宁静之气修养身体则睡梦中也安适。

【评说】

疑邻偷斧的故事我们讲了多年。

从前有个乡下人，丢了一把斧子。他怀疑是邻居家的儿子偷去了，观察那人走路的样子，像是偷斧子的；看那人的脸色表情，也像是偷斧子的；听他的言谈话语，更像是偷斧子的，那人的一言一行，一举一动，无不像偷斧子的。

后来，乡下人在山谷里挖地时，掘出了那把斧子，再留心察看邻居家的儿子，就觉得他走路的样子，不像是偷斧子的；他的脸色表情，也不像是偷斧子的；他的言谈话语，更不像是偷斧子的了，那人的一言一行，一举一动，都不像偷斧子的了。

若我们心中有了和气、正气、浩气和静气，怀疑也就一扫而光了。

人有礼则安，无礼则危。故曰：礼者不可不学也。夫礼者，自卑而尊人，虽负贩者必有尊也，而况富贵乎！富贵而知好礼，而不骄不淫；贫贱而知好礼，而志不慑。

选自：《礼记·曲礼》

【大意】

有了礼，人与人的关系才能平衡安定。反之，就要发生危险了。所以说：礼不可以不学，不可以不懂，不可以不会呀！礼的精神在于克制自己而尊重别人。虽然是微贱之辈，也有可尊重的人，更不要说富贵的人们了！富贵的人懂得爱好礼，才不至于骄傲而淫侈；贫贱的人懂得礼，则其居心也不至于卑怯而无所措其手足。

【评说】

傲慢，不可以滋长；
谦虚，不可以过度；
欲望，不可以放纵；
贫穷，不可以卑贱；
超越，不可以嫉妒；
追求，不可以贪婪；
意志，不可以自满，
欢乐，不可以走向极端！

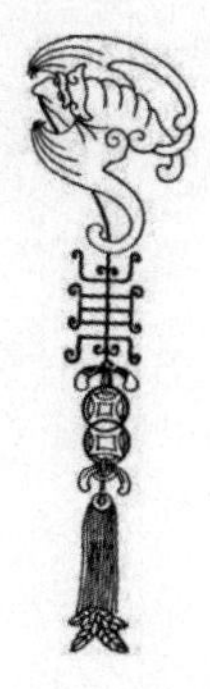

人好刚，我以柔胜之；人用术，我以诚感之；人使气，我以理屈之。

选自：《格言练笔》

【大意】

有人喜欢刚强威猛，我们要记得以柔克刚；人家用计谋权术，我们用真诚感染；如果对方生气了，我们动之以情，晓之以理。

【评说】

人际交往中，有几个细节点滴要注意呦：

1. 打电话时，由地位高、年龄长者先挂；

2. 进电梯时陪同人员先进后出（因为安全、方便）；

3. 在酒桌上敬酒，如果年龄小、职位低，不能一个人敬多人；

4. 索取对方名片时，应该先把自己名片递给对方或先自我介绍，然后说能换下名片吗？若想加人家微信，可以说：以后有没有机会继续请教、不知道怎么跟您联系？